シリーズ
いま日本の「農」を問う
8

# おもしろい！日本の畜産はいま

過去・現在・未来

広岡博之／片岡文洋／松永和平
佐藤正寛／大竹　聡／後藤達彦［著］

ミネルヴァ書房

# 刊行にあたって

「農業」関連の議論や報道が活発化している。これまで農業問題というと、農業研究者や生産者、農林水産省・JA関係者だけの問題と考えられ、とくに都市部の住民は関心が薄かった。ところが、ここへきて急に農業問題がクローズアップされ一般市民の関心を集めている背景には、世界規模での社会情勢の変化がある。マスコミが発信する記事からは、研究機関・穀物メジャーや大商社・食品関連企業・農林水産省などからの新しい農業の動向が伝えられる。また食料自給率や食料安全保障という考え方が市民に浸透し、日本の食料問題は、世界の政治・経済や気候条件と無関係ではないという事実を強く感じさせる。

また環境問題や食の安全問題は、自分自身の問題として、我々の日常に無関係ではなくなっている。しかし肥料の過剰投与や化学農薬による土壌や水質汚染、遺伝子組換え種子の問題は、それをセンセーショナルに否定的にとらえる論調ばかりが目立ち、実際のところはどうなのか、という冷静な判断ができにくくなっている。

一方で、化学肥料や農薬を使わない「有機農業」や、そもそも肥料も農薬も使わない「自然農法」の存在がきわめて魅力的に語られ、環境や食の安全に関心のある人々を惹きつけている。しかし、実際のところはどうなのか、現実にはどの程度実現しているのか、という冷静で客観的な判断は、残念ながらあまり目にする機会がない。これは原発の自然エネルギーへの代替可能性論議に似ている。

本シリーズを企画するにあたり、センセーショナルな論者ではなく、科学的かつ客観的で冷静な、あるいは農業の実践者ならではの経験蓄積から語られる、説得力のある言葉をもつ筆者にお願いした。そのため執筆者の範囲はたいへん広くなり、大学や研究機関の研究者では、農学にとどまらず、生物学、植物遺伝学、文化人類学、経済学、哲学、歴史学、社会学にまでおよぶこととなった。研究者以外では、穀物メジャーや大商社の現役商社マン、世界規模の化学会社、種苗会社、食品関連企業、また農業関係のジャーナリストやコンサルタント、大規模農家、農業関連NPOの代表や農業ベンチャーの経営者まで幅広い。その結果、執筆者の年齢も三〇代はじめから七〇代まで広がった。また筆者選定にあたり、TPPに賛成か反対か、遺伝子組換え問題に賛成か反対かという立場を「踏み絵」的条件にすることを避けた。

この企画作業の過程で、「農業」という人間の営みがもつ多面的な姿に気付かされることになった。「農業」は生産活動である前にまず「文化的な営み」であることを感じ、企画の基調に「農業は文化である」という視点を立てることとなった。

この広範な視野を取り込む編集作業にあたり、多くの方のご協力、ご教示を得た。ここに記し、深く感謝する次第である。

平成二六年五月

本シリーズ企画委員会

# おもしろい！　日本の畜産はいま——過去・現在・未来　目次

目　次

本文ＤＴＰ　ＡＮＤ・Ｋ
企画・編集　エディシオン・アルシーヴ

# 第1章　ウシを通して畜産を知る

## ――生産・流通から先端技術まで――

広岡博之

広岡博之
（ひろおか　ひろゆき）

1958年，京都府生まれ。
京都大学大学院農学研究科教授。

京都大学大学院農学研究科修了。龍谷大学経済学部助教授などを経て，2001年より現職。専門は家畜遺伝育種学であるが，ウシに関するさまざまな学問分野を縦断的に研究する畜産システム学をライフワークとし，生物学や生命科学だけでなく，経済学の視点からも畜産を見つめる。おいしい牛肉をいかに効率よく生産するかが研究のモチベーション。編著書に『フィールドワークの新技法』（日本評論社，2000年），『耕畜連携をめざした環境保全型畜産システムの構築とその評価』（農林統計出版，2009年），『ウシの科学』（朝倉書店，2013年）他。

## 1　家畜はどこから来たのか

### なぜ今、畜産か

家畜は多くの人にとっては、ペットの次に身近な動物であろう。しかし、身近といっても、家畜そのものをよく知っているわけではなく、肉や乳、卵のような畜産物として知っている程度ではないだろうか。このような畜産物がどのように生産されているかは、大切な家畜の命を頂いている以上、ぜひ知っておいて頂きたいところである。本章は、少しでも多くの読者に家畜による生産、すなわち畜産のことを知ってもらおうと書き下ろしたものである。

半世紀以上前には、家畜、とくにウシは農業における良きパートナーであった。農村に行けば、いつでもウシに出会うことができ、人々はウシをペットのようにかわいがっていた。しかし、高度経済成長とともに、農業が規模拡大を繰り返し、ウシも集約的な生産に変わり、ウシは人々の目に見えないところに追いやられ、農村から姿を消すこととなった。しかし、ウシはけっしていなくなったわけではなく、頭数で見れば、半世紀前よりも数が増えている。

畜産には、食料生産問題、生命科学、環境問題などが深く関係していて、産業的にも学問的にも非常におもしろい。島国で暮らす我々にとっては食料の安全保障、とくに良質の栄養源である畜産物の確保は至上課題である。またこれまで畜産学で行われてきた研究のなかには、体外受精や体細胞クローン作出など現在の生命科学の根幹をなすものも多く、今までに多くの研究者が家畜を用いた研究でノーベル賞を獲得している。欧米では、畜産学は農学のなかで、もっともメジャーで人気のある学問である。また、メタンや窒素、リンの排泄などの家畜由来の環境問題は畜産にとってはネガティブなテーマではあるが、その解決が地球規模で求められている。

本章では、筆者の専門性や紙面の制約から、家畜といってもウシを中心に話を進めるが、ウシの話を知れば、他の畜種に関してもイメージできるようにしたいと考えている。

## 家畜とは

多くの人は、家畜といえば、ウシ、ブタ、ニワトリ、ヤギ、ヒツジをイメージするのではないだろうか。ウシ、ブタ、ニワトリは、それぞれ牛肉、豚肉、鶏肉として日々の食卓になっており、ウシが生産する牛乳は、子供のころから栄養価の高い飲物として飲まれてきた。鶏卵は、物価の優等生、安価な畜産物の代表として日本人の栄養を支えてきた。ヒツジの肉はラム肉（一歳未満で屠殺されたもの）やマトン肉（一歳以上で屠殺されたもの）として食されている。ヒツジの数は、オーストラリアやニュージーランドでは人口よりずっと多い。ヤギは、今では動物園ぐらいでしか見る機会はないかもしれないが、半世紀以上前は、日本の農村部ではごく普通に飼育され、戦後の貧しい時代の日本人の貴重な栄養源として重要な役割を果たしてきた。戦後まもない時期には、母乳の代わりにヤギ乳を飲んで命を救われた乳児は少なくないと聞く。

このような家畜は、通常、農用家畜と呼ばれ、世界の農業で重要な役割を果たしている。世界全体では、ウシは約一四億頭、ブタは約九億頭、ニワトリは約一七〇億羽、ヒツジは約一一億頭、ヤギは約八億頭おり、その大半は農用に飼育されている。日本に限っていえば、二〇一三年現在、ウシは約四〇六万頭（乳牛一四二万頭、肉牛二六四万頭）、ブタは約九六八万頭、ニワトリは約三億羽（産卵鶏一億七〇〇〇万羽、ブロイラー一億三〇〇〇万羽）飼育されている。これらの生産額の合計は、稲作の生産額よりも多い。

かつての家畜は「人に飼われて馴れ、その保護のもとに自由に繁殖し、かつ人の改良に応じ、農業上の生産に役立つ動物」と定義されていた。この定義にしたがえば、家畜は農用家畜に限られる。このような定義にもとづく家畜は狭義の家畜と呼ばれ、これまで述べてきたもの以外に、哺乳類ではスイギュウ、トナカイ、ラクダ、ウサギなどが含まれ、哺乳類以外では、アヒル、カモ、ウズラ、シチメンチョウ、ホロホロドリなども家畜に含まれる。また、変わったところでは、ミツバチは養蜂業を担っているので、家畜に属する。ウマは農用に用いられていた時代には家畜とみなされていたが、競馬用のウマが中心になってからは家畜とみなされなくなっている。

しかし、最近、家畜の定義をもう少し広げて「その生殖が人の管理の下にある動物」と定義されることが多い。この定義による家畜は広義の家畜と呼ばれ、この定義にしたがえば、実験動物や伴侶（ペット）動物も家畜に属することになる。実験動物といえば、モルモットやラット、ハムスター、マウス、伴侶動物といえばイヌやネコがその代表であろう。

家畜は一つの目的で飼育されていることはまれである。たとえば、ウシは、乳用、肉用、役用の三用途で飼育されている。その他に、地域によっては、いまだにウシを神への生け贄としたり、ステータスシンボルとして飼育したりしている民族もいる。また、わが国でも闘牛用にウシを飼育している農家もある。ブタは通常は肉用であるが、生理学的・解剖学的な面で人間との類似点が多いことから医学研究用実験動物として貴重な動物となっている。ニワトリは、主には肉用と産卵用であるが、品種によっては愛玩用、観賞用に飼育されている。また、シャモのように闘鶏用の品種もある。

## 家畜化

数多くの野生動物のなかで本当の意味で家畜化された動物は少数である。その理由ははっきりしないが、逆に家畜化されなかった動物を考えると、ゾウやゴリラは成長が遅く、ハイイログマは扱いにくく、パンダは人の管理条件下ではきわめて繁殖が難しく、オオツノヒツジやレイヨウは社会性に乏しく、群れを作りにくい。ガゼルやシカは臆病で、多頭飼育に向いていない。このような問題点が克服され、人間との共存にとくに適していた動物のみが家畜化されたのであろう。

農用家畜ではないが、もっとも古く家畜化された動物はイヌである。イヌは今から一万五〇〇〇年から一万二〇〇〇年前にオオカミが家畜化されたものである。農用動物のなかでは、ヤギとヒツジが約一万二〇〇〇年から一万年前に西アジアで家畜化された。その後、ブタが約一万年から八〇〇〇年前に南西アジア、中国、エジプトやヨーロッパで多元的にイノシシが家畜化された。同じころに野生牛のオーロックス（原牛）が家畜化された。

ニワトリは約七〇〇〇年前に、東南アジアで農耕民族が野鶏を家畜化したものと考えられている。ニワトリの祖先は東南アジアに生息する赤色野鶏、南アジアに生息する灰色野鶏、セイロン野鶏、緑襟《あおえり》野鶏の四種といわれてきたが、ミトコンドリアＤＮＡを用いた研究から鶏の先祖は赤色野鶏である可能性の高いことが示唆されている。

どのように家畜化が起こったかについてはいくつかの説があるが、最近は、畜種によって異なる三つの経路があるのではないかと考えられている。その第一の経路は、動物からの働きかけで、人間との共生関係が生じ、その結果、家畜化がなされたとするものである。すなわち、野生動物が、人間の食べ残しなどを求めて人間の居住域に自ら接近し、当初、人間はそのような動物の存在に無関心であったが、そのような接近が継続して行われるようになるにつれて両者の間に共生関係が生じ、さらにその関係が深まって家畜化されたものである。このような経路で家畜化された動物にはブタ、イヌ、ニワトリなどがあげられる。

第二の経路は、狩猟の対象であった野生動物が家畜化された経路で、ヒツジ、ヤギ、ウシなどの草食反芻動物がこのグループに属する。最初はこれらの草食反芻動物を捕えて飼っていたが、その後に繁殖させて家畜群として飼育するようになったものである。まず、ヒツジやヤギなどの中小家畜が家畜化され、それに遅れてウシが家畜化された。

第三の経路は、先の第一や第二の経路よりは新しい時代に短期的、直接的に家畜化が起こったものである。このグループにはウマやラクダ、ウサギなどが属する。この経路が起こった時代には、すでにヒツジやヤギ、ウシやブタが家畜化されていたので、家畜化には長い期間を要さなかったのであろう。

家畜化の過程で、野生動物がどのように変化するかは興味深いところである。家畜化の初期段階では、人間そのものに対する適応能力や人間が与えてくれた環境への適応能力が重要である。たとえば、野生環境下では、捕食者や捕獲者から逃避するための形質（黒い毛色など）や食料を探す能力が重要であるが、家畜化されればこのような形質や能力は不要となり、その代わりに群れを形成する能力、早期繁殖能力、目に見える繁殖行動、人間に慣れる能力、人間に対する従順性などに関わる形質が重要となる。したがって、このような能力や形質を持つ個体が人々によって優先的に選ばれ、その結果、形質に変化が生ずることになる。さらに、家畜化が進むにつれて、乳や肉、毛や繁殖性（一腹産子数など）など生産に関連する形質にすぐれた個体がより多くの後代を残すようになり、その結果、これらの形質が遺伝的に改良されることになる。

このような野生動物から家畜へのさまざまな能力や形質の変化は、本当に起こるのであろうか。この疑問に対する答えのヒントが、ソビエト（今のロシア）で行われた実験結果にある。この実験では、厳密には野生動物ではないが、農場で飼育されていたギンギツネがおとなしさ（人間からの逃避反応の少なさ、なれなれしさ）を対象に長期にわたり選抜された。その結果、最初は人間に対して攻撃的な個体がほとんどであったが、世代を経るにつれて攻撃性を示す個体の数が減少し、三〇世代目には約半数が人間に対して犬のように尻尾を振り、なれなれしい行動をとる個体となった。この実験で見られたさらに驚くべき現象は、世代を経るにつれて、人間のしぐさや行動を理解できる個体、従来の繁殖期間以外の時期に繁殖できる個体、さらにはイヌのように耳がだらりと垂れた個体（野生のギンギツネの耳はピンと立っている）、頭に白い斑点のある個体が出現し、増加してきた点である。この実験でギンギツネに起こった変化は、まさにオオカミが家畜化されイヌになる過程で生じたであろう変化といえないだろうか。

家畜化といえば、動物が人間によって変化させられるものと考えられているが、逆に家畜化によって人間が影響された例もある。ウシの家畜化によって、人間は牛乳や乳加工品を摂取するようになったが、その乳を消化できるかどうかによって、人間が選択されることになった。一般に、人間を含む哺乳動物は、離乳後、乳に含まれる乳糖を分解する酵素（ラクターゼ）の生産が減少し、乳を飲むと消化不良や下痢が引き起こされるようになる。このような症状は乳糖不耐症と呼ばれる。しかし、ウシの家畜化以降、大量に乳や乳製品を摂取してきたヨーロッパの民族は、大人になってからもラクターゼの生産が続き、牛乳を飲んでも問題が生じない。それに対して、牛乳を摂取することがほとんどなかった東南アジアやアフリカの一部の民族は、牛乳を飲むと消化不良や下痢を起こす人が多いようである。筆者は小さいころから牛乳をよく飲んでいたので、乳糖不耐症でないと思いこんでいたが、学生時代にフィンランドの酪農家を訪れた際に、勧められた牛乳があまりにおいしかったため、コップ三杯を一気に飲んだところ、お腹が痛くなり、下痢をした記憶がある。程度の差こそあれ、日本人も長く牛乳を飲用してこなかったことを考えると、乳糖不耐症の民族に属するのかもしれない。

## ウシの分類と伝播

ウシは、分類上、脊椎動物門の哺乳綱、偶蹄目、ウシ科に属する家畜である（分類上では「綱」の中に「目」が含まれ、その中に「科」が含まれる）。家畜に関していえば、偶

図１　ラスコーの壁画に描かれたオーロックス（原牛）

蹄目にはその他にブタ（イノシシ科）やラクダ（ラクダ科）が属している。ウシ科にはウシの他にヤギ、ヒツジ、スイギュウが属している。ウシとスイギュウは同じ科に属するが、種が異なるので交配して子を残すことはできない。最近の分子遺伝学の手法から動物を分類した場合、クジラはかなりウシに近い動物であることがわかってきた。そう考えると、ウシを日常的に食べているにもかかわらず、クジラは絶対に食してはいけないと主張する一部の欧米人の考え方には、少し説得力のなさを感じる。

　ウシは大きく分けて、背中にコブのないヨーロッパ系のウシ（ヨーロッパ牛）と背中にコブのあるゼブ牛（コブ牛、インド牛とも呼ばれる）がいる。ヨーロッパ牛とゼブ牛は完全に相互に交配が可能で、その交雑種は世界中に存在する。

　現在のヨーロッパ牛の祖先は、野生牛であったオーロックス（原牛とも呼ばれる）である。フランスのラスコー壁画やスペインのアルタミラ洞窟の壁画に描かれているウシは、このオーロックスである（図１）。オーロックスは現在のウシと比べても大型で、長い角があり獰猛であった。そのため、家畜化される以前のオーロックスは狩りの対象であった。ウシが家畜化された後もオーロックスは野生のままで残っていたが、時代が進むにつれて生息地であった森林も人間の開発によって減少し、それにともなってオーロックスの数も減少し、一六二七年、最後の一頭がポーランドで死亡して絶滅した。

以前は、ヨーロッパ牛もゼブ牛も家畜化の起源は西アジアの肥沃な三角地帯とされていたが、最近の分子遺伝学の研究によって、ヨーロッパ牛とゼブ牛は、家畜化以前に分岐し、ゼブ牛はインダス平原で家畜化され、その家畜化の時期はヨーロッパ牛の家畜化よりも古かったのではないかとする説が有力となっている。

家畜化されてから、ウシは人々の移動とともに、あるいは交易によって世界中に広がっていった。わが国の在来種である和牛との関連でいえば、西アジアで家畜化されたヨーロッパ系の短角のウシが紀元前三〇〇〇年から二〇〇〇年にユーラシア大陸の北方を通って、モンゴルや中国北部に移動し、朝鮮半島を通って、日本に渡ってきたのではないかと考えられている。他方、ゼブ牛は、肩胸部の背中に筋肉と脂肪からなる大きなコブ（肩峰と呼ばれる）と胸部に皮膚の垂れ下がった胸垂を持っており、一般に暑熱に強く、病気やダニへの抵抗性も強い。したがって、ゼブ牛は主として熱帯、亜熱帯地域に移動し、インドからスリランカ、タイ、ベトナム、さらにはマレーシア、インドネシアにも広がっていった。東南アジアは、南下してきたヨーロッパ牛と東に向かってきたゼブ牛の移動の交点にあたり、ヨーロッパ系牛とゼブ牛の交雑が盛んに行われた。さらに、ゼブ牛は北上してフィリピンや台湾にも広がり、中国の黄牛にもコブのあるものがいる。古い書物では、日本の和牛もゼブ牛とする記述もあったが、現在ではヨーロッパ系牛と考えるのが定説である。

アフリカへは紀元前七〇〇〇年ごろに、まず長角のヨーロッパ系の長角牛がエジプトにわたり、その後、ヨーロッパ系の短角牛やゼブ牛が民族の移動とともにアフリカに移動していったといわれている。西アフリカでは今でも、ンダマ（N'Dama）と呼ばれるヨーロッパ系長角牛の品種が飼育されている。このウシはトリパノゾーマ（アフリカ眠り病をはじめとするさまざまな病気を引き起こす原生生物）に対する抵抗性があり、そのすぐれた特徴によって今日まで残ったと考えられている。一五世紀後半のアメリカ大陸の発見によって、一六世紀にはスペインやポルトガル、北アフリカから南米に大量のウシが船で運ばれ、一七世紀からは北ヨーロッパから北米に、さらに一九世紀にはインドからブラジルへとゼブ牛が運ばれた。オーストラリアにはかつてはウシがいなかったが、ヨーロッパの移民によってウシが運ばれることになった。このような歴史のもとで、現在、ウシは世界中に分布している。

## 2　日本におけるウシの歴史と現在

### 和牛の歴史

現在、和牛は世界的な品種になりつつあるが、本来、和牛といえば、黒毛和種、褐毛和種、日本短角種、無角和種の四品種の総称である。これら四品種が品種として正式に認められたのは、黒毛和種、褐毛和種、無角和種が一九四四年、日本短角種が一九五七年である。現在の和牛は、いずれの品種も短期間ではあったが明治時代に外国の品種との交配が行われており、厳密には外国種の遺伝子が入っている（なお、後述の見島牛は古代から続く完全な純粋種である）。しかし、いずれの品種も少なくとも一〇〇年以上にわたり、外国種との交配は一切行われておらず、日本固有の品種といっても差し支えはない。

日本にウシがいつ渡来したかについてははっきりしないが、三～五世紀に朝鮮半島を経由して、渡来弥生人とともに持ち込まれたとする説が有力である。弥生時代の農耕遺跡からウシの骨が発見されていることから、四～五世紀にはかなりのウシが飼育されていた可能性が高い。飛鳥時代の後期、仏教の影響を強く受けた天武天皇が六七六年に肉食禁断の詔勅を発して以来、神道における穢れの感覚が庶民にまで浸透したことも相まって、明治維新まで少なくとも公にはウシの肉を食することは禁じられていた。それゆえ、わが国ではウシは万葉の時代から明治維新までの約一二〇〇年間、主として耕作や運搬などの農耕用や鉱山などの役用、武具の生産用としてのみ利用されることとなった。したがって、日本人はウシを食料と考えるよりも農耕の良きパートナーとしてとらえ、家族の一員としてかわいがってきた。ちなみに余談であるが、この間、まったく牛肉は食べられなかったかといえばそういうわけではなく、たとえば安土桃山時代にはキリシタン大名が牛肉を食しており、江戸時代の彦根藩では、牛肉は味噌漬けや干し肉、酒煎肉など薬用を名目で公然と販売され、とくに毎年冬には彦根藩から将軍家や親藩の諸侯に牛肉の味噌漬けが贈られていたようである。

さて、牛乳はどうかといえば、乳に関する最初の文献は、六四五年に帰化人の子である福常という者が天皇に牛乳を奉上し、それによって和薬使主《やまとくすしのおみ》の姓を賜り、乳長上《ちちおさのかみ》の職を与えられ、その後も朝廷に仕えたと伝えられている。平安時代には乳牛院が設けられ、酪（牛乳を煮つめて発酵させた乳製品）が作られていたようであるが、その後はわが国では乳製品はまったく歴史から姿を消した。

一八五三年、米国の提督ペリーが四隻の武装艦隊を率いて江戸湾に来航し、下田と函館を開港させられたが、寄港する米国船が食料を求めた際に、農民はウシの提供を断固として拒んだそうである。当時の幕府もまた、ウシは大切な労働力で、農家にとっては家族の一員であったことから、断り続けたと伝えられている。このことからもウシが当時の人々にいかに愛され大事にされていたかが垣間見られる。一方、困った外国人たちは近畿や中国地方に多くのウシが飼育されていることを知り、家畜商を介して神戸港から横浜港にウシを運んだそうである。この時に食したウシの肉が非常に美味であったことから、神戸ビーフとして有名になったといわれている。

明治維新の文明開化によって、肉食が解禁され、乳や乳製品が食されるようになって、さらに富国強兵の国策で軍隊が牛肉を糧食として用いるようになり、牛肉の需要は急速に高まった。このような需要の高まりに応えるべく、明治政府は在来種の改良のためにスイスのブラウンスイス種やシンメンタール種などの乳肉兼用種を導入、在来の和牛に交配した。スイスの品種が選ばれた理由として、スイスもわが国同様に山が多く、地形が似ていて適応する可能性が高いと当時考えられていたためであろう。この期間は一九〇〇年から一九一〇年までのわずか一〇年間のみであった。この交配には、一定の目標があったわけではなく、しかも各県で方針がバラバラであったため、早熟性、飼料利用性、乳量は改良されたが、当時もっとも重要であった役用の能力が著しく低下し、また肉質も低下したため、外国種との交配は一気に行われなくなった。世界的に見て植民地となっていた国々は、西洋の大型品種を自国の在来種と交配するのがあたりまえであったが、日本のように短期間で問題点を発見し、外国種との交配を中止した例はほとんどない。このような点でも、当時の日本人の優秀さと融通性の高さをうかがい知ることができる。

このような混迷状態を打破するべく、在来の和牛の長所を保持しつつ、低い生産能力を交雑種の持っていた長所で補って日本の農業に適したウシの造成が行われ、そのように造成されたウシは改良和種と呼ばれるようになった。しかし、その後も、各県の育種目標に統一性がなく、一九一九年には一県一品種の造成で改良が進められるようになった。しかし各県で独自の改良が進んだにもかかわらず選抜された牛に大差がなかったため、一九三七年には全国統一の登録が始まった。その後、一九四四年に改良和種は固定種（黒毛和種）

として認知され、同年に褐毛和種と無角和種、一九五七年に日本短角種が品種として認められた。

最後に四品種の特徴を述べると、黒毛和種は日本全体に広範囲に分布し、世界で類を見ないほどきわめて高い霜降り肉生産能力があり、近年には、肉質と肉量の両方を兼備した種雄牛が出現して、改良が大きく進んだ。その結果、それまで以上に黒毛和種と他の三品種との相違が浮き彫りになり、他の三品種の数が激減するという新たな問題が生じている。

褐毛（あか毛）和種は、毛色は黄褐色から赤褐色の単色、有角であり、熊本系と高知系の二系統がある。熊本系は、もともと熊本県内で飼育されていた褐色の在来種にシンメンタール種をはじめとするいくつかの外国種を交配したもので、シンメンタール種の影響をもっとも強く受けている。性質は、温順で飼いやすく、体格は黒毛和種より大きい。他方、高知系は、朝鮮牛がベースとなっており、そこにシンメンタール種を交配したものであるが、シンメンタール種の影響は熊本系よりも少ない。体格は、熊本系よりもやや小さめである。褐毛和種は熊本県や高知県内で頭数を減らしているが、最近、熊本系の褐毛和種は北海道でも飼育されている。

日本短角種は、青森県、岩手県、秋田県にまたがる旧南部領の山地で飼育されていた南部牛にショートホーン種を交配し、その後、当時のこの地域で一般的であった夏山冬里方式（夏は山で放牧し、冬は里で舎飼いする方式）に適応するように成立した品種である。毛色は褐毛和種より濃い褐色で、発育能力もよく、とくに山でも子育てができるほど産乳能力にすぐれている。また、放牧条件下でも繁殖性が高い特徴がある。しかしながら、霜降り牛肉生産能力が黒毛和種と比べてかなり劣り、近年、頭数が減少している。

無角和種は、山口県でのみ飼育され、和牛の中で唯一無角である。和牛の在来種にアンガス種を交雑して造成されたもので、毛色は黒、早熟で理想的な肉用体型であったが、生産する肉の霜降りの度合いが黒毛和種と比べ物にならないほど悪かったため、現在メス牛の頭数は一〇〇頭程度で絶滅危惧種の状況となっている。

本章では、肉牛としては和牛の大多数を占める黒毛和種を中心に述べることとする。

### 天然記念物・見島牛

山口県萩市から北北西約四六キロの沖合にある見島《みしま》という島では、見島牛と呼ばれる日本在来種が飼育されている。前項で和牛の歴史について述べたが、現在和牛と呼ばれている四品種はいずれも一時期、外国種と交配され、遺伝的には外国種の影響を受けている。

しかし、ここで述べる見島牛は、外国種との交配を一切受けていない純粋在来種である。

見島牛は、一九二八年に当時の文化財保護委員会から天然記念物の指定を受けた。天然記念物辞典によれば、「見島牛は、往古朝鮮より渡来したまま今日まで純粋和牛で貴重な天然記念物である」とされている。この文面にしたがえば、見島牛は朝鮮牛との解釈もありうるが、見島牛の歴史を調べた研究によると一六七二年に牛疫がはやり、島のウシがすべて死滅したことがわかっている。現在の見島牛は、その後出雲から新たに移入されたものの子孫である。

見島牛は、昭和初期までは約四〇〇頭飼育され、その後も一九五〇年代までは段々畑の農耕や荷物の運搬用に、約五〇〇〜六〇〇頭が島内で閉鎖的に飼育されていた。しかし高度経済成長による動力耕耘機などの農業の機械化にともなって急激に頭数が減少し、一九七九年にはわずか三〇頭となった。これを契機に、見島牛保存会や関係者の尽力によって頭数の増加が図られ、二〇〇四年には農家戸数は七戸に減少したものの、飼育頭数は一〇〇頭前後にまで回復している。

見島牛は、黒毛和種のルーツである。しかし、世界に冠たる肉牛となった現在の黒毛和種とは比べものにならないほど体格は小さく貧素である（雌牛で比較すると、現在の黒毛和種は成熟体重が約四八〇キログラムであるのに対して見島牛は二八〇キログラム程度）。見島牛は天然記念物であり、むやみに屠殺できないためその肉はなかなか手に入らないが、霜降り（サシ）牛肉であることが知られている。このことから、黒毛和種のすぐれた霜降り能力は、もともと在来和牛が持っていた性質である可能性が高いと考えられる。さらに、見島牛はロース芯面積が大きく皮下脂肪が薄いなど、その特徴は現在の黒毛和種の持つすぐれた産肉能力とよく一致している。

見島牛には天然記念物になったがゆえの悲劇がある。天然記念物になったために、現在の黒毛和種や他の品種との交雑が禁止され、遺伝的改良ができなくなり、その結果、肉牛になる道を閉ざされることとなった。飼育農家は助成金で細々と生活している。また、より深刻な問題は、数頭の種雄牛と数少ない繁殖雌牛の集団になったため、近交がかなり進み、体重もこの七〇年間でわずかではあるが減少しており、また現在の黒毛和種集団ではほとんど見られない遺伝性疾患も時々見られる。近交退化の影響か、受胎率も低く、現在、人工授精よりまき牛による自然交配が一般的に行われている。

余談になるが、見島牛は天然記念物なのでその牛肉を食することは難しいが、繁殖用以外の雄牛は年間一〇頭程度であるが高価な高級肉として販売されている。また、ホルスタ

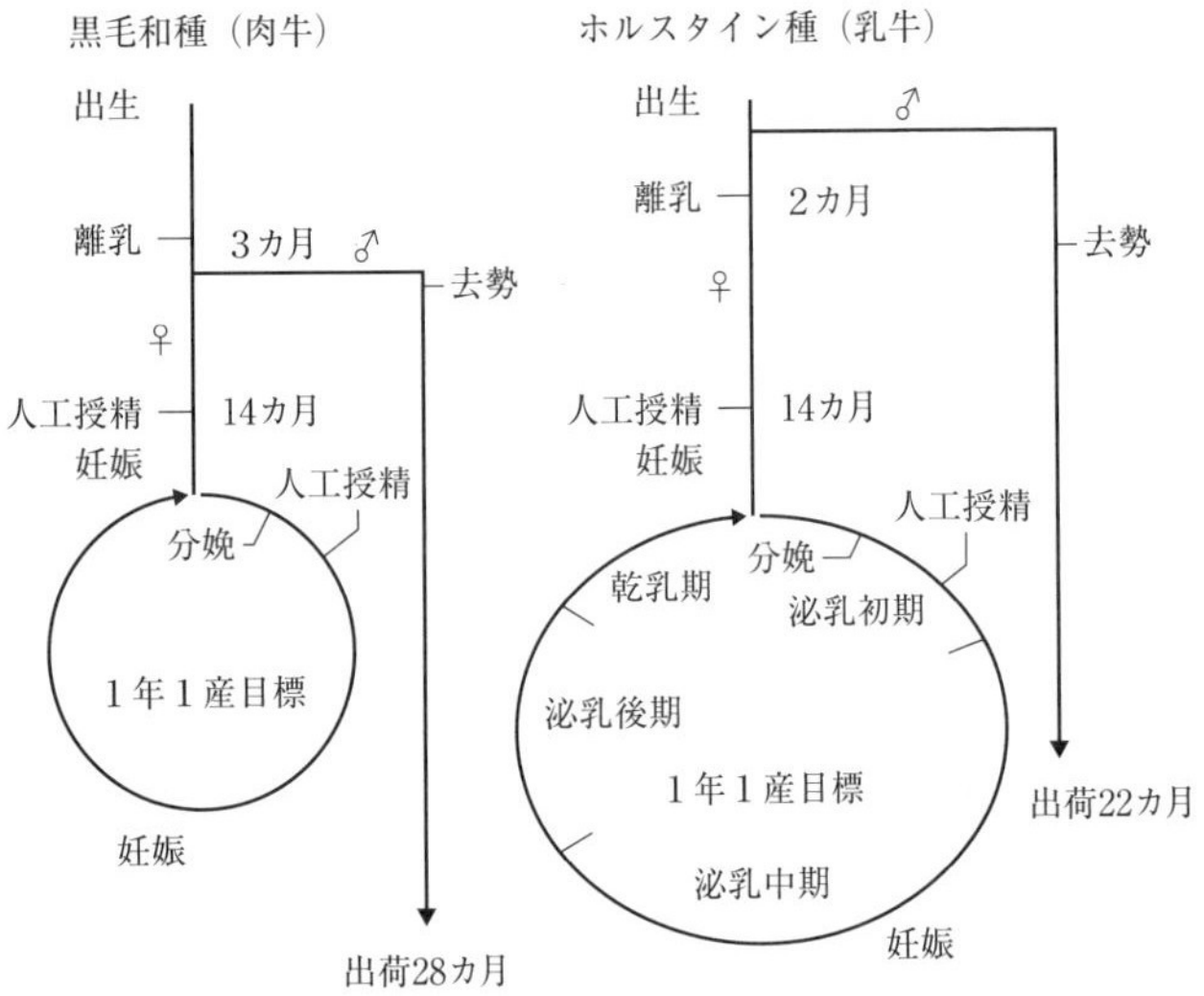


図2　黒毛和種（肉牛）とホルスタイン種（乳牛）の一生

イン種との交雑種は、見蘭牛（見島牛とオランダ牛の交雑という意味）と呼ばれ、比較的安価で販売されている。

## ウシの一生

ウシがどのように生まれ、そしてどのように乳を生産し、肉になるかについては、知っている読者は少ないであろう。

ウシの一生は、肉牛と乳牛とで区別して考える方がわかりやすい（図2）。まず、わが国の肉牛の代表として黒毛和種を例にとることにしよう（他の品種もほぼ同じである）。

子牛は約三〇キログラムで生まれ、母牛のそばで母乳をもらいながら育ち、約三カ月程度で離乳する。以前は、離乳は六カ月程度であったが、母牛の発情回帰が遅れることや子牛が下痢をしやすくなることから、最近では離乳時期を早めることが奨励されている。早期に母子を分離し、子牛を個別に飼育する方が経済的と考えられている。

雌子牛（図の♀）は繁殖用に飼育するならば、約一四〜一五カ月齢で人工授精して妊娠させて、約二八五日の妊娠期間を経て二四カ月齢前後で最初の子牛を出産させることになる。子を産んだ母牛は、約三カ月の間、子牛とともに飼育し、その間、発情が回帰したところで次の繁殖サイクルのための人工授精を行い、二回目の妊娠、分娩に備えることになる。その後はこのような繁殖サイクルを何回か繰り返して（平均、六〜七回）、最後の子牛を離乳した時点で陶汰・販売されるか、さらに数カ月肥育した後に販売される。繁殖用の老廃雌牛でも肥育することで、肉質は向上する。

一方、雄子牛（図の♂）は種雄牛（父牛）として残されるもの以外は、二〜五カ月齢の間に去勢され、肥育されることになる。去勢は、肉質の改善や飼育を容易にするために日本や米国、オーストラリアでは一般的に行われているが、ヨーロッパでは動物福祉の観点から去勢せず雄のままで肥育するのが一般的である。去勢された雄子牛は、約八〜一〇カ月齢で子牛市場に出荷され、その後肥育農家で一八〜二〇カ月間肥育されて肉となる。また、繁殖に用いない雌子牛も同様に肥育されて肉になる。高度経済成長時代には牛肉が不足していたので、子を産む雌牛を肥育して肉にすることに強い抵抗感が持たれていたが、去勢した雄牛よりも雌の肉の方が質が良いとされている。三重県の松阪のように子供を産んだことがない未経産雌を松阪牛として牛肉にする地域もあるほどである。

一方、牛乳を搾る乳牛の一生は、肉牛の一生とは少し異なっている。雌子牛の場合は、生まれてすぐに初乳を飲んだ後に母牛と離され、その後の六〜八週間は代用乳（乳の代わりに給与される液状の飼料）が母乳の代わりに給与される。この代用乳は、人間の乳児用粉ミルクと似たもので、湯に溶かして給与される。離乳後は、雌子牛は約一四カ月齢で人工授精され、約二八〇日の妊娠期間を経て、最初の子牛を分娩する。

ウシは分娩すると子牛のために乳を出すが、乳牛の場合、その乳は人間によって搾取される。すなわち、子牛には免疫性物質が多く含まれる初乳のみを与えて、その後の約三〇〇日間、長い場合には一年間、母牛は人間のために乳を生産することになる。分娩後の五〇日間は泌乳初期と呼ばれ、平均一日三〇〜四〇キログラムの乳を生産し、多い個体では乳生産が五〇キログラムを超えるものもいる（肉牛は五〜六キログラム）。早い個体では分娩後五〇日程度で発情が起こり（発情回帰）、その後の約二一日ごとに繰り返される発情にあわせて人工授精が行われ、二回目の分娩に備えることになる。その後は、一年一産を目指して生産が繰り返される。乳牛は、肉牛と比べて大量の乳を生産しているため消耗が激しく、通常は四産目の子牛を出産した後には廃用牛として淘汰されることになる。

乳牛を飼育する酪農では、雌は乳生産のために貴重な存在であるが、雄はたんなる副産物である。したがって、通常、雄子牛は生まれるとすぐに初乳を与えられた後、ぬれ子の状態で育成農家に売られることになる。育成農家では雄子牛は去勢され、八カ月齢程度で肥育農家に売られる。肥育農家では雄子牛は約一年の肥育期間を経て約二二カ月齢で出荷される。黒毛和種と比べて肥育期間が短いのは、乳牛であるホルスタイン種は黒毛和種よりも発育がよく、同じ出荷体重に達するまでの日数が短くてすみ，それ以上長く飼育しても肉質の向上はほとんど期待できないためである。

### ウシの生産と経済性

わが国の乳牛と肉牛の飼育頭数は、増加の一途を辿ってきたが一九九〇年代をピークにその後は横這いから微減で推移している。その一方で農家戸数は大幅な減少を続け、急速

表1　ウシの生産に関する収益と生産費　（単位：円）

| | 費　目 | 牛乳生産 | 子牛生産 | 去勢肥育牛生産 |
|---|---|---|---|---|
| 収　益 | 生　乳 | 746,804 | − | − |
| | 子　牛 | 55,659 | 402,523 | − |
| | 肥育牛 | − | − | 836,272 |
| | きゅう肥 | 16,469 | 13,839 | 14,607 |
| 生産費 | 物財費合計 | 610,338 | 358,838 | 825,976 |
| | 飼料費 | 354,121 | 189,527 | 298,818 |
| | 素牛費 | − | − | 444,595 |
| | 雌償却費 | 110,129 | 65,365 | − |
| | 労働費 | 160,389 | 171,291 | 71,732 |

出典：農林水産省畜産物生産量統計（平成24年度）

な規模拡大が進んでいる。牛肉の自給率は五〇年前にはほぼ一〇〇パーセントであったが、現在は四〇パーセント前後で推移している。

我々は一リットル（約一キログラム）二〇〇円程度の牛乳を購入し、一〇〇グラム四〇〇円程度で牛肉を買っている。これは安いのか高いのか。その答えを得るには、牛乳や牛肉を生産するのにどれくらいコストが必要なのかを知る必要がある。ここではウシの飼育農家の経営について簡単に述べることにしよう。

まず、牛乳生産から説明しよう（表1）。酪農家は、通常、乳牛の雌牛を数十頭規模で飼育している。乳牛の一生については前節で述べたが、そのこととあわせて以下を読んで頂きたい。表1の第一項目は搾乳牛通年換算で一頭あたりの生産コ

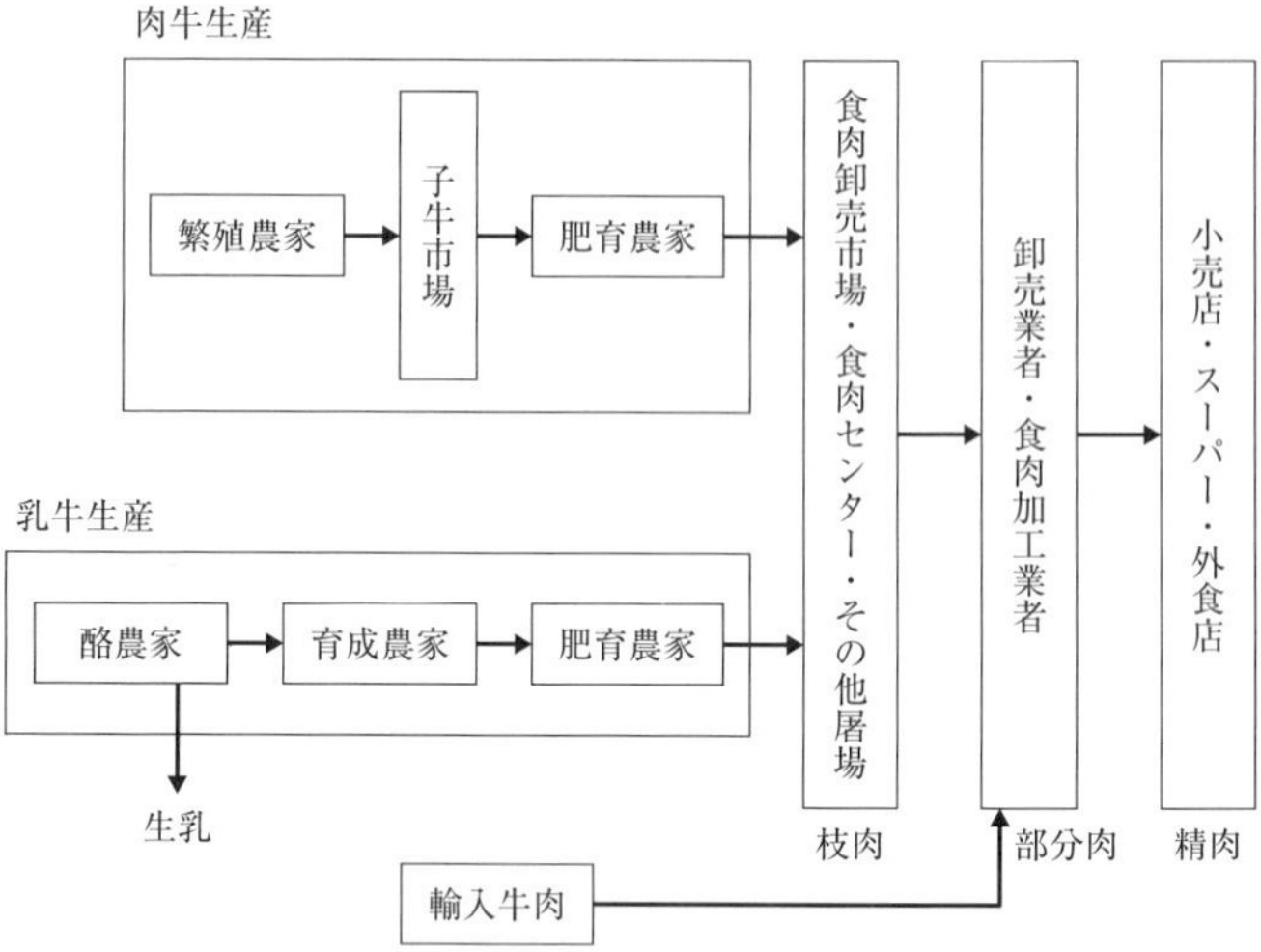


図3　牛肉の生産と流通

ストを示したものである。年間の搾乳量を八〇〇〇キログラムとすると、一キログラムあたりの販売価格は約九三円となる。ざっと計算すれば、我々が一リットル二〇〇円で買っている牛乳は、一キログラムあたり約九三円で農家から販売されていることになる。酪農の場合、雄子牛や自家更新しない余分な雌子牛は副産物として販売でき、またきゅう肥なども販売できるので、酪農の収益は乳牛一頭一年あたり約八〇万円となる。それに対して、生産コストの合計は約七七万円で、その内訳でもっとも大きな割合を占めるのが飼料費の約四六パーセント、ついで労働費の約二一パーセントである。また、購入してから淘汰するまでの乳雌牛の価値の低下を示す償却費も約一四パーセントと高い割合を占めているが、それは、乳量が多いため消耗が激しく、せいぜい四産で淘汰されるので、償却費が必然的に高くなったためである。

次に牛肉生産を見ることにしよう。牛肉の生産は多少複雑なので、図3で牛肉の生産と流通をまとめて示しておくことにする。黒毛和種の経営は、繁殖雌牛を母牛として飼育し、子牛を産ませて子牛市場に出荷する繁殖農家と子牛市場から子牛を購入し、肥育する肥育農家の二つに分けられる（最近では、繁殖から肥育まですべて行う一貫農家も増えている）。繁殖農家の主収入は子牛の販売価格である（表1の第二項目参照）。生産コストは飼料費の割合がもっとも高く約三六パーセント、ついで労働費が高く約三二パーセントである。繁殖農家が酪農家よりも労働費の割合が高いのは、規模が小さく、労働生産性が低いためと考えられる。

一方、肥育農家の主収入源は、肥育牛である。生産コストについては子牛市場から購入する素牛《もとうし》（肥育のための子牛）の価格（素牛費）がもっとも高く、全体の約五〇パーセントを占めている。また、肥育経営は規模が大きいため、労働費の占める割合はかなり低くなっている（表1の第三項目参照）。

黒毛和種による牛肉生産の魅力は、子牛市場での価格形成の不確実性、少し言い方は悪いかもしれないがバクチ性にある。繁殖農家の儲けるコツはいかに高く自分の子牛を子牛市場で販売できるかである。子牛市場では、取り引きは子牛なので実際に肉を割って見ることができないために、子牛の価格は血統や見栄えによって決まっている。したがって繁殖農家の最大の関心事は、高く売れる子牛を生産するため自分の所有する繁殖雌牛と相性の良い種雄牛を交配し、生まれた子牛をできる限り見栄えを良くして子牛市場に出荷することである。一方で、肥育農家が儲けるコツは、いかに子牛市場から安価に肉質の良くなる子牛を購入し、肥育して高価な肉を生産するかである。そのためには子牛市場に出荷された子牛の将来の肉質を正しく予想して購入する力量が求められる。さらに子牛市場は価格の乱高下が激しい上に、肥育農家が子牛を購入してから出荷するまでに約二〇カ月近いタイムラグ（時期のズレ）がある。そのような不確かさと駆け引き、創意工夫の余地が、繁殖農家と肥育農家が黒毛和種を飼育するモチベーションとなっているケースが多い。

### 和牛の登録と個体識別番号

わが国の和牛のほとんどは、登録され、血筋（血統）がはっきりしている。また、わが

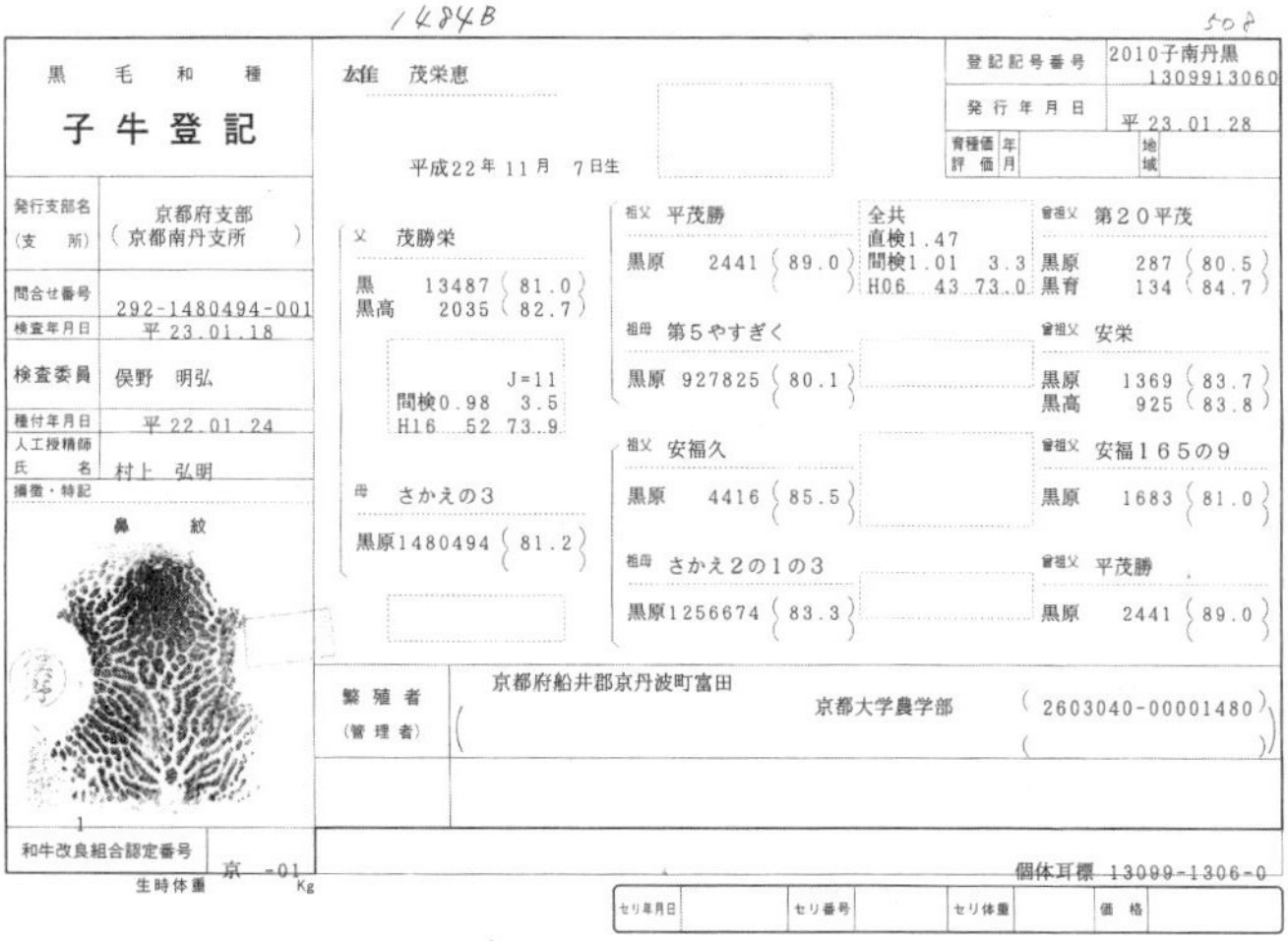
1484B
508
黒毛和種
子牛登記
発行支部名（支所）　京都府支部（京都南丹支所）
問合せ番号　292-1480494-001
検査年月日　平23.01.18
検査委員　俣野　明弘
種付年月日　平22.01.24
人工授精師氏名　村上　弘明
摘徴・特記
鼻紋
和牛改良組合認定番号　京　-01
生時体重　Kg
雌　茂栄恵
平成22年11月7日生
登記記号番号　2010子南丹黒 1309913060
発行年月日　平23.01.28
育種価評価年月
地域
父　茂勝栄
黒　13487（81.0）
黒高　2035（82.7）
J=11
間検0.98　3.5
H16　52　73.9
母　さかえの3
黒原1480494（81.2）
祖父　平茂勝
黒原　2441（89.0）
全共
直検1.47
間検1.01　3.3
H06　43　73.0
祖母　第5やすぎく
黒原　927825（80.1）
祖父　安福久
黒原　4416（85.5）
祖母　さかえ2の1の3
黒原1256674（83.3）
曽祖父　第20平茂
黒原　287（80.5）
黒育　134（84.7）
曽祖父　安栄
黒原　1369（83.7）
黒高　925（83.8）
曽祖父　安福165の9
黒原　1683（81.0）
曽祖父　平茂勝
黒原　2441（89.0）
繁殖者（管理者）　京都府船井郡京丹波町富田　京都大学農学部（2603040-00001480）
個体耳標　13099-1306-0
セリ年月日　セリ番号　セリ体重　価格

図４　子牛登記証明書

国で飼育されているすべてのウシは、個体識別番号を持っており、出生から死ぬまでの履歴がわかるようになっている。

わが国の和牛の登録事業は、一九二〇年に始まり、その伝統は現在までも引き継がれている。子牛が生まれると、一〇日以内に分娩届が提出され、四カ月以内に子牛検査で鼻紋採取や失格・損傷の有無が調べられ、その検査に合格したものに子牛登記証明書（図４）、不合格になったものには血統証明書が発行される。この子牛登記証明書は、京都大学附属牧場で飼育されていたウシ（名は茂栄恵《しげさかえ》）のものである。左下に鼻紋が掲載されている。鼻紋とは、ウシの鼻先の皮膚にある浅いしわの模様で、人間の指紋と同じく個体ごとに異なり、生涯変わることはない。

このウシは、父が茂勝栄《しげかつえ》、母がさかえの三、父方の祖父と母方の曽祖父が多くの子孫を残したことで有名な平茂勝《ひらしげかつ》である。和牛には名前がついており、雄牛は漢字名、雌牛はひらがな名である。平茂勝は、一九九三年鹿児島県生まれで、増体と肉質の両方がきわめてすぐれており、平成の名牛として三〇万頭以上の子孫を残している。当該牛はその孫にあたっている。

前述のようにウシの世界では大半の雄牛は去勢されて肉となるが、一握りの雄牛と多くの雌牛は繁殖用に供され、次世代の子孫を残すことになる。したがって、これら繁殖用の個体にはさらなる登録が実施される。その登録が、基本登録、本原登録、高等登録で、この順番で登録のハードルが高くなってゆく。たとえば、もっともハードルの高い高等登録は、すでに種牛として供用され、血統条件、遺伝的不良形質、体型審査条件、繁殖成績、産子成績、育種価の条件を満たした個体にのみ発行されるものである。これらの登録情報は、すべて和牛登録協会のコンピュータにデータベース化して保存され、経済形質の育種価評価や系統の再構築に利用されている。このような登録制度が古くから存在したおかげで、和牛は世界でも例を見ないほど血統情報が整った品種となっている。

ここまでは、生産者サイドの個体識別について述べてきたが、二〇〇一年に起きたBSE騒動を受けて、二〇〇三年一二月に牛の個体識別のための情報の管理および伝達に関する特別措置法（牛トレーサビリティ法）が施行され、二〇〇四年一二月からは流通段階での個体識別番号の表示が義務化された。ちなみにトレーサビリティとは、製品が生産段階から最終消費段階まで追究を可能な状況にすることである。

この牛トレーサビリティ法では、わが国のすべてのウシは個体識別できるように一〇桁の番号が書かれたプラスチック製の耳標を両耳に装着することが義務づけられ、一頭ごとに確実に個体識別できるようになっている。さらに、個体識別のための台帳の作成も義務づけられ、個体識別番号、出生、輸入、飼養開始、屠殺、死亡または輸出の年月日、性別、母牛の個体識別番号、ウシの種別、管理者の氏名、名称、住所などの情報が記載され、飼育者が変わるごとにそれらの情報が台帳に追加されるようになっている。

これらの情報はすべて家畜改良センターにおいて一括管理され、さらに牛肉として市場に流通したときも個体識別番号の表示が義務づけられている（ただし、ホルモンなどに関しては流通が異なるため、個体識別番号は不明である）。それゆえ、国内で生産された牛

(A)　　(B)

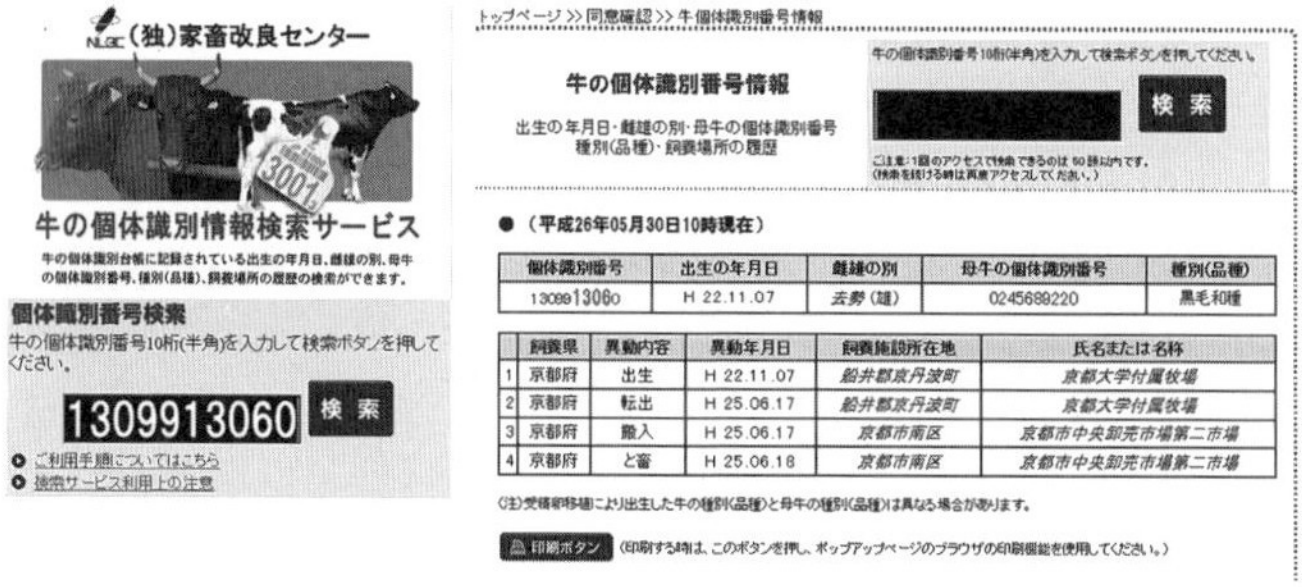


図5　ウシの個体識別番号の入力画面（A）と出力画面（B）

肉ならば、ラベルに表示されている個体識別番号をパソコンや携帯電話を使って家畜改良センターの検索ウェブページhttps://www.id.nlbc.go.jp/top.html（二〇一五年四月九日閲覧）から入力すれば、その牛肉に関する履歴がすべてわかるようになっている。図5は、試しに図4のウシの個体識別番号（1309913060）から生産履歴を調べたものである。このようなすばらしい生産履歴を調べるシステムがあるにもかかわらず、ほとんどの消費者が存在すら知らず、利用されていないのはまことに残念なことである。

## 3　牛肉と牛乳

### 牛肉の話

ここで牛肉について説明しよう。まず、牛肉専門店やスーパーなどの食肉売場で牛肉を見て頂きたい。売られている牛肉には、黒毛和牛や国産牛、あるいは輸入牛などのウシの種類を示すラベルが貼られている。当然、輸入肉の場合は、産地国が書かれているはずである。黒毛和牛と書かれていればそれは黒毛和種の牛肉であり、国産牛と書かれていれば、通常は乳牛のホルスタイン種か交雑種（交雑種とはホルスタイン種雌に黒毛和種の精液を人工授精して生産されたもの）の牛肉のはずである。現在、国産牛の基準は「国内における飼養期間が外国での飼養期間よりも長いウシ」とされている。二〇一二年現在、わが国で販売されている牛肉の五八パーセントは輸入牛肉で、残りの四二パーセントが国産の牛肉である。牛肉の輸入元は、アメリカ合衆国とオーストラリアが圧倒的に多く、たまに、カナダ産やニュージーランド産もある。国産牛肉うちの五五パーセントは乳牛の去勢牛と廃用雌牛および交雑種の牛肉、残りの四五パーセントは黒毛和種をはじめとする和牛の牛肉である。また、一パーセントにも満たないが、子牛を海外から船で運んできて、日本で肥育して国産牛として販売されることもある。前述のように、海外での飼養期間よりも日本での肥育（飼養）期間が長ければ、国産牛と表示することができる。

農家から出荷された牛肉が消費者に届くまでの流通過程では、まず農家によって出荷さ

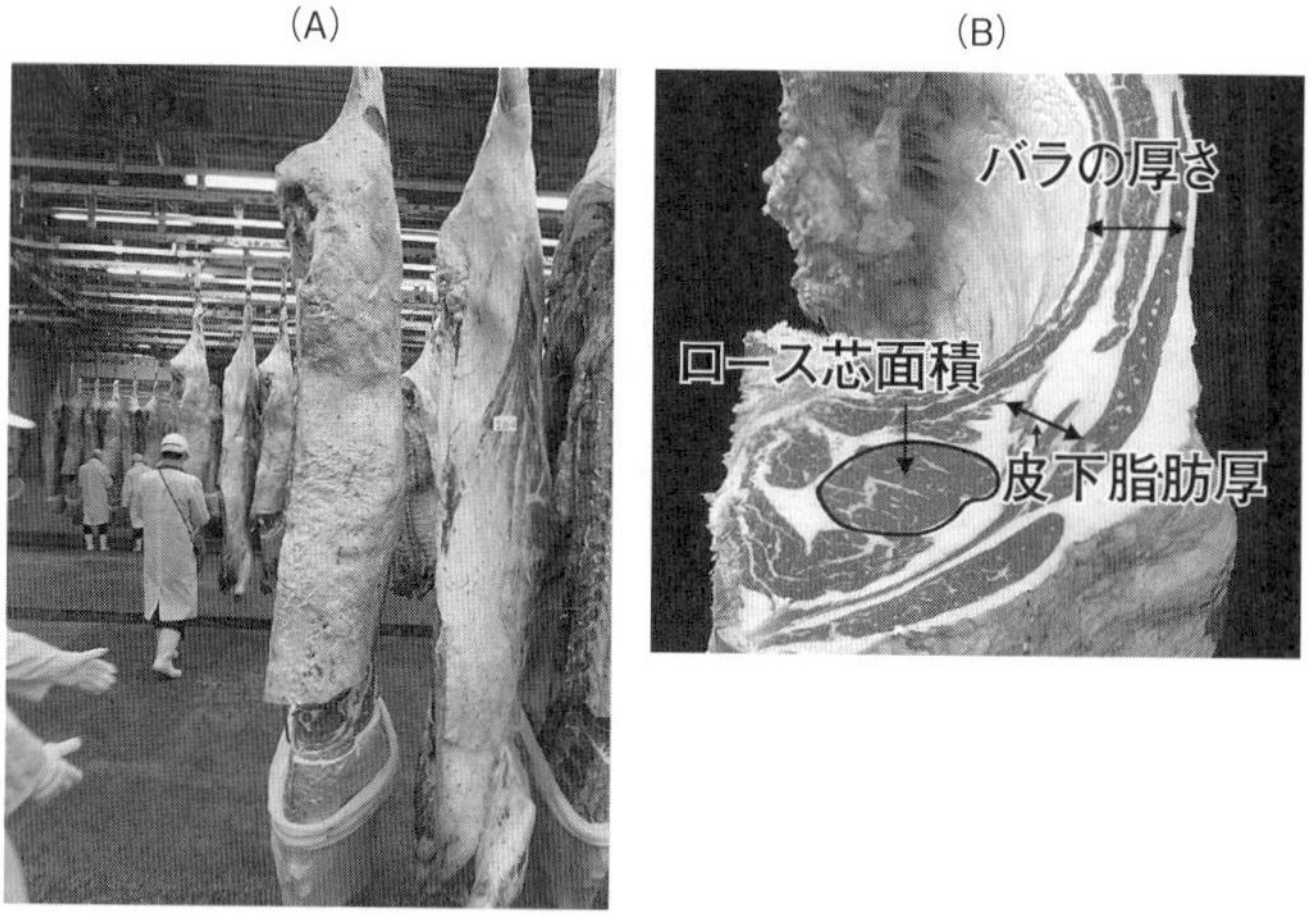


図6　枝肉（A）と枝肉の第6肋骨と第7肋骨の間を切り開いた切開面断面（B）

れたウシはほとんどが食肉卸売市場や食肉センター、その他の屠場（これらを枝肉市場とも呼ぶ）で屠殺され、枝肉の状態でセリ値がつけられる（図3）。枝肉とは、屠体から皮を剥がし、内臓と頭部、尾、肢端を取り除いた骨付きの肉で、それを右と左に分断したものを指す（図6A）。枝肉評価は、枝肉の第六肋骨と第七肋骨の間を切り開いた切開面のロース芯内の脂肪交雑（次項参照）やロース芯（胸最長筋）、バラの厚さ、皮下脂肪厚などを見て行われる（図6B）。

牛肉のランクで「A－5」などの用語を聞いたことのある方は多いだろう。A－5ランクと評価された場合、Aは歩留等級が最高のAランクであることを示している（その他にBとCランクがある）。歩留等級とは、枝肉中の部分肉（枝肉から骨を取り除き、さらに血液やリンパ節、余分の脂肪を取り除いて成型〈トリミング〉したもの）の割合を示す指標で、Aランクは部分肉割合がもっとも高いランクであることを示している。またA－5ランクの「5」は肉質等級と呼ばれる肉の質を表す指標で、脂肪交雑、肉の色沢、肉のきめ・しまり、脂肪の色沢と質の総合評価で五段階に分かれ、「5」は最高ランクであることを示している。なお、きめとは筋束の細かさを表し、しまりとは枝肉の切断面に浸出する浸出液の多少、切断面の筋肉の陥没の程度によって評価される指標である。脂肪交雑やきめ、しまりは良し悪しで評価されるが、肉の色は薄くもなく濃くもないものが良い評価で、脂肪の色は黄色のものよりも白いものの方が評価は高くなる。

枝肉市場では、上記の枝肉の評価指標によってセリで枝肉の価格が決まり、それが農家の収益となる。評価された枝肉は卸売業者や食肉加工業者に買い取られ、部分肉に解体されて、その後は小売店や量販店で精肉として販売される。

牛肉の流通と価格について簡単に触れておくと、枝肉市場において、一キログラム二〇〇〇円で取り引きされた枝肉は、部分肉割合が七二パーセント（歩留等級がAである下限値）、部分肉のうちの精肉の割合が八五パーセントとすると、小売店で販売されている精肉一キログラムあたりの価値は三二六八円となる。小売では、通常、一〇〇グラム単位で売買されているので、そのような牛肉が一〇〇グラムあたり一〇〇〇円で売られているとすれば、一〇〇グラムあたり六七三円が流通業者や小売業者の利益となる。

牛肉好きの読者のために、店頭で販売されている牛肉の部位に関しても少し述べておこう。リブロースとサーロインはステーキとしてもっとも好まれる部位で、スキヤキやシャブシャブ用として好まれている。ヒレは柔らかく、脂肪が少なく上品で、その中心がシャトーブリアンと呼ばれる最高級部位である。トモバラの部分はカルビと呼ばれ、焼肉用として利用されることが多い。モモやウデは、固いが脂肪が少なくヘルシーである。

最近人気のホルモンは、副生物に属する。副生物とは、生体から枝肉を取り除いた残りと骨、原皮を除いたものである。副生物は流通の過程で「赤もの」と「白もの」に区分され、赤ものには舌、肝臓、心臓などがあり、白ものには消化管や生殖器などが含まれる。このような副生物は、できるだけ新鮮である必要があるため、牛肉とは異なる流通を行っている。

## 霜降りについて

「霜降り」とは、俗にサシや脂肪交雑とも呼ばれ、肉の赤身（筋肉）の中に脂肪が交った状態のことである。英語ではマーブリング（大理石模様）と呼ばれる。脂肪が筋肉中に交雑することによって、肉はやわらかく、歯切れが良くなり、また脂肪の質によってはとろけるようにもなる。そのため、霜降りの度合い、すなわち、脂肪交雑の多寡は、肉質を評価する場合のもっとも重要な判定基準となっている。

図7　BMSナンバー9の牛肉（茂栄恵の肉）

脂肪交雑はロース芯内の霜降りの度合いで評価され、一二段階のBMS（beef marbling standards）ナンバーと脂肪交雑基準の二種類で記述されている。前者のBMSナンバーは、シリコン樹脂製の模型に基づき、ナンバー1が脂肪交雑のまったくないものから、ナンバー12が最高の脂肪交雑のものまで、一二段階の脂肪交雑の度合いに対応している。他方、後者の脂肪交雑基準は、0から5までの数値で表され、0から3の間は該数にプラスマイナスの肩文字が付けられている。枝肉市場では日本枝肉格付協会の属する格付員が、上記の模型に基づいて枝肉のロース芯のＢＭＳナンバーを格付することになっている。図７は、図４で示した茂栄恵のロース芯の写真である。この枝肉のＢＭＳナンバーは９であった。

脂肪交雑は、約半分が遺伝的因子、残りの半分が環境因子によって決定されている。これまでに脂肪交雑に関連すると考えられる遺伝子がいくつか報告されているが、その影響は小さく、発現メカニズムはいまだはっきりしていない状況である。また、脂肪交雑は月齢によっても大きく異なり、六〜八カ月齢では脂肪交雑はまったく見られないが、一二カ月齢で結合組織が交叉するところでわずかに見られるようになり、二四カ月齢まで急速に増加し、その後は緩やかに増加するとされている。

環境因子としては、ビタミンＡの少ない飼料を給与して肥育すると脂肪交雑の多い牛肉が生産できることが知られており、現在、わが国では、ほとんどの肥育農家は、ビタミンＡをコントロールする飼育を実践している。しかし、なぜビタミンＡをコントロールすれば脂肪交雑は増えるのかの理由はいまだはっきりしていない。筆者は、脂肪組織が体組織へのビタミンＡの供給源の役割を果たしていることから、黒毛和種の脂肪交雑はビタミンＡ欠乏を緩和する役割を果たしているのではないかと考えている。すなわち、ゼブ牛が熱帯地域の暑熱・湿潤環境に適応するために肩のコブに脂肪を蓄積しているのと同様に、黒毛和種はビタミンAが欠乏するほど筋肉内に脂肪を蓄積するのではないかと推察している。

以前述べたように、世界中で黒毛和種だけが特別にすぐれた脂肪交雑の能力を有している。筆者はその理由として、わが国の在来和牛は役用牛として古くから稲作と結びついて飼育され、夏場には稲わらや米ぬかなど稲作副産物や周辺の畝に繁茂する低質の野草が給与され、また冬場には雪に閉ざされて生草が得られず、ビタミンA含量の少ない乾草のみが給与されてきたため、長期にわたってビタミンAの欠乏状態が続き、結果として、ビタミンA欠乏に耐え得るように進化してきたのではないだろうかと仮定している。この点では、生草の豊富な放牧地で放牧されてきたヨーロッパの品種とは大きく異なっている。以上のことは、仮説の域を出ないが、今後、実証に値する仮説と考えている。

## おいしい牛肉とは

これまでのわが国の肉牛生産においては、肉質といえば、脂肪交雑のみに重点が置かれ、それ以外のものはサブ的な扱いであった。それが近年、牛肉のおいしさに対する関心が高まり、いかにおいしい牛肉を生産するかが真剣に議論されるようになってきた。しかし、

「おいしさ」は人の主観によるもので、それを科学的に定量化することは至難の業である。もちろん、「料理のおいしい」レストランが現実に存在することを考えれば、多くの人たちに共通の「おいしさ」に対する認識、嗜好があってもおかしくない。

一般に「おいしさ」は、食感、味、香りによって決まるといわれている。食感は、食べたときの感じで、やわらかさ、歯ごたえ、ジューシーさ、なめらかさなどがあげられる。筆者が実施した「牛肉に対する消費者の意識調査」の結果、わが国の消費者はやわらかさとジューシーさを高く評価する傾向にあることがわかった。これらの項目は、よく考えれば、霜降り牛肉の特徴とよく一致しており、日本において霜降り牛肉がとくに高く評価されてきたことの裏付けにもなっている。

味は、甘味、塩味、酸味、苦味、うま味の五つの基本味からなり、そのなかの甘味とうま味がおいしさの源と考えられる。牛肉のおいしさに関しては、イノシン酸と呼ばれるアミノ酸の役割が大きいといわれているが、熟成による牛肉の味の向上には、グルタミン酸が深く関わっているようである。

香りは、主として鼻で感じる感覚で、食べ物を口に入れる前に鼻先で感じる「鼻先香」と口の中で噛み砕いたときに鼻で感じる「口中香」に分けられる。古くから、黒毛和種の霜降り牛肉は甘い香りがするといわれてきた。この香りは「和牛香」と呼ばれ、和牛肉を薄く切り、空気中に数日間おいて加熱した時に多く生成されるようである。

牛肉のおいしさは霜降り（脂肪交雑）の程度がもっとも重要と筆者は考えているが、最近、不飽和脂肪酸の一つであるオレイン酸が牛肉のおいしさと関連しているのではないかと注目されている。オレイン酸の割合が多いほど、脂肪の食感がよく、口どけがよいといわれている。オレイン酸が多いと脂肪の融点が低くなり、融点の低い牛肉を食すれば、口どけがよく、口あたりも滑らかに感じる。実際に、黒毛和種の牛肉は他の品種の牛肉よりもオレイン酸の割合が高く、融点が低い。このことから、最近では黒毛和種の生産現場ではいかにオレイン酸の高い牛肉を生産するかに努力が傾けられている。

しかし、その一方で、必ずしも牛肉のおいしさはオレイン酸だけで決まっているわけではないとする結果も報告されている。また、オレイン酸は甘い香りの原因にはなっているが、それ以外の項目とは関係がないとする報告や、オレイン酸よりも脂肪交雑の方がおいしさに影響する度合いは大きいとする報告もある。いずれにしても、現状ではオレイン酸だけが牛肉のおいしさを決定していると結論づけることは早計で、今後の研究が待たれるところである。

## 牛乳と乳生産

人類が牛乳を飲用するようになった歴史は古く、世界の多くの国々では牛乳は人々の生活に深く関わってきた。しかし、日本人が牛乳を飲むようになったのは、明治以降である。

前述のようにわが国の牛乳は、主にホルスタイン種によって生産されている。乳の量は分娩後に増加し、ピークを迎え、その後は徐々に減少する（図8）。この図には、乳量のみならず、飼料摂取量と体重の推移も示しておいた。乳のピークから遅れて飼料の摂取量はピークを迎える。そのことから泌乳初期には生産する乳量に対して摂取する飼料が不足し、体重が減少する。しかし、日数は進むにつれて、乳量は減り、体重は増加に転ずることになる。乳牛の分娩間隔（今の分娩から次の分娩までの期間）を一年にしようとすれば、分娩後二〜三カ月には次の子牛を生産するための交配をする必要があり、妊娠期間を二八〇日と仮定すると、泌乳の末期と妊娠末期は一致することになる。したがって、この時期まで乳を生産していると胎児のための栄養が制限されることになり、それを防ぐためには、人為的に搾乳しない乾乳期を設ける必要がある。このことによって、次の泌乳のために乳腺を休めることができ、母体の体力回復にもつながる。

牛乳の質について少し話しておこう。牛乳には三〜四パーセントの脂肪が含まれている。

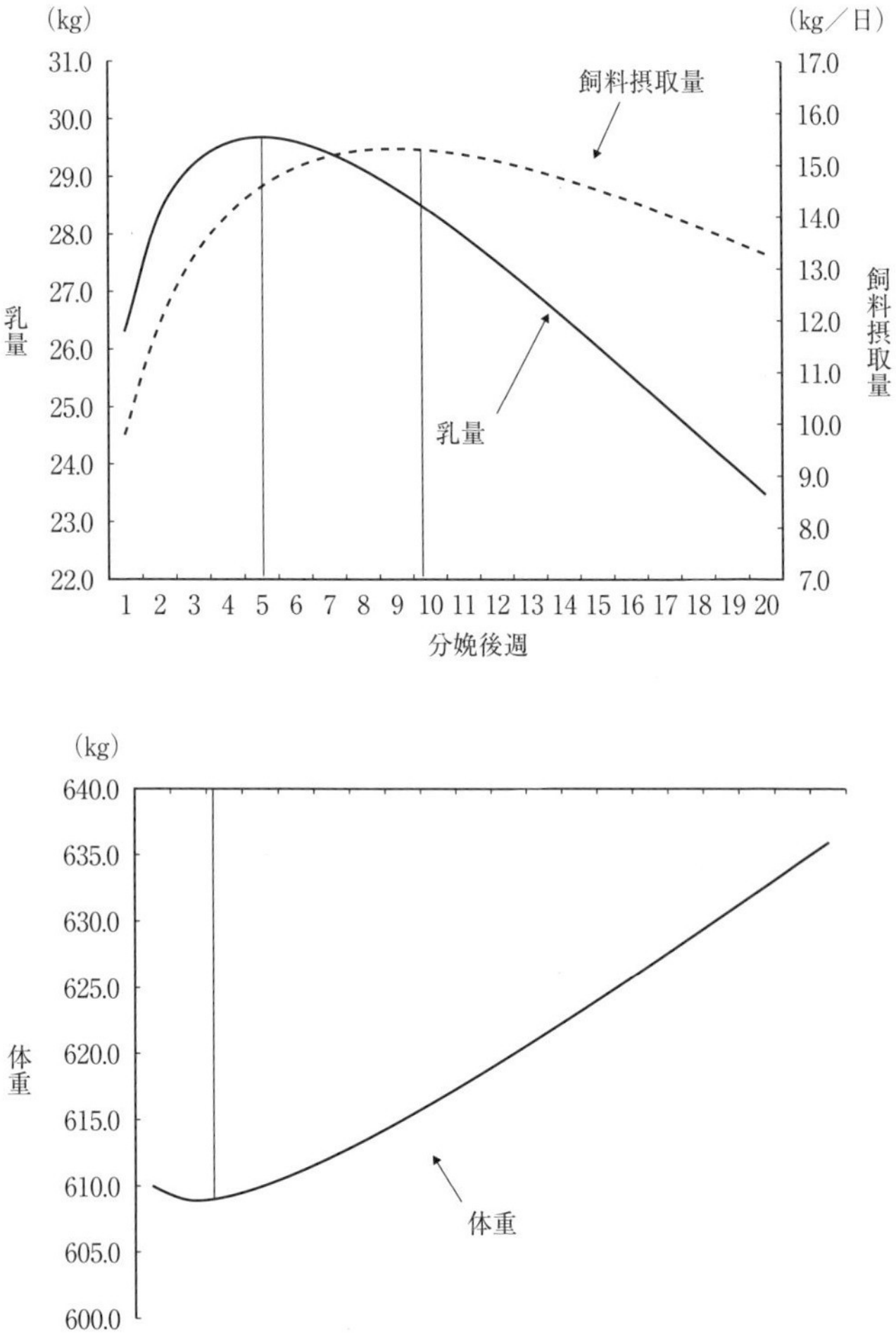


図８　乳牛の分娩後の乳量と飼料摂取量（上図）と体重の推移（下図）

また、牛乳は、良質のタンパク質に富み、全固形分の内の二五パーセントがタンパク質で、そのタンパク質の約八〇パーセントがカゼインである。そのカゼインを取り除いたときに出る黄緑色の水溶液がホエー（乳清）で、ホエーには乳糖と二〇種ものミネラルが含まれ、ビタミンも豊富である。乳糖は、グルコースとガラコースの二糖類から成り、牛乳中でもっとも多い成分で、主要なエネルギー源となっている。牛乳がほのかに甘いのは、この二糖類のおかげで、ヨーグルトなどの乳製品の製造には、乳酸発酵の基質の役割を果たしている。厚生省の乳等省令で、牛乳は無脂固形分八パーセント、乳脂肪三パーセント以上でないと牛乳として販売できないことになっている。

最後に乳製品について、簡単に解説することにする。生乳を殺菌すれば、飲用牛乳ができ、乳成分を調整すれば加工乳、乳成分以外を調整すれば乳飲料と定義される。また、砂糖や香料を加えて、冷凍すればアイスクリームができる。生乳を殺菌した後に、遠心分離し、脂肪球の集まったものがクリームで、そのクリームを撹拌し、脂肪球を集めて練圧すれば、バターになる。さらにその残りを乾燥させれば、脱脂粉乳ができあがる。一方、レンネット（子牛の胃から取った乳を固める酵素）や乳酸菌を牛乳に加え、カゼインとホエーを分離した後にホエーを取り除いたものがチーズである。また、ヨーグルトは牛乳に乳酸菌を加え、発酵させて作られる。これ以上の乳製品の説明は他書に譲ることにする。

## 4　家畜の食べ物

### 濃厚飼料と粗飼料

以前、テレビ局の取材で「なぜウシは草食動物なのに、草以外のトウモロコシなどの穀物を食べるのですか」と聞かれたことがある。この質問には専門家としてはびっくりしたが、草食動物といえば草のみを食する動物と一般の人がイメージするのは至極もっともなことなのかもしれない。しかし実際は、草食動物は肉食動物と反対、つまり、肉を食さず植物のみを食べる動物といった方がわかりやすい。トウモロコシは植物なので、ウシがトウモロコシの種子を食べてもまったく不思議なことではない。

家畜の飼料は大きく分けて粗飼料と濃厚飼料に分類される。粗飼料とは、繊維質を多く含む生草、乾草（生草を乾燥させたもの）、サイレージ（サイロと呼ばれる施設や容器に刈り取った牧草や飼料作物を詰め込んで、密封貯蔵し、乳酸発酵させたもの）、わら類を指す。他方、濃厚飼料は繊維質含量の低い、穀実類（トウモロコシ、大麦などの実）や豆

表2　肉牛の肥育に用いられている飼料例　　（単位：％）

| 慣行飼料 | | エコフィード飼料（滋賀県畜産技術センター） | | 飼料米利用（飼料用米の生産・給与技術マニュアル） | |
|---|---|---|---|---|---|
| （濃厚飼料） | | トウモロコシ | 25.0 | 破砕玄米 | 40.0 |
| トウモロコシ | 39.5 | 大　麦 | 16.5 | トウモロコシ | 15.0 |
| 大　麦 | 32.0 | フスマ | 7.5 | 大　麦 | 3.0 |
| フスマ | 23.0 | 豆腐粕 | 19.2 | フスマ | 18.5 |
| ダイズ粕 | 5.0 | トウモロコシサイレージ | 25.0 | ダイズ粕 | 9.5 |
| 炭酸カルシウム | 0.5 | ダイズ稈 | 2.9 | コーングルテンフィード | 3.0 |
| （粗飼料） | | 小麦稈 | 2.9 | スクリーニングペレット | 10.0 |
| 乾　草 | 73.8 | | | 炭酸カルシウム | 0.5 |
| 稲わら | 26.2 | | | 食　塩 | 0.5 |

注：慣行飼料は，肥育ステージによって濃厚飼料と粗飼料の比率が異なる。

類などを指す。

一般の人の持つ畜産のイメージは、ウシが広い牧草地で優雅に青草を食む風景のようである。ここでは、このような風景とは対極にある肉牛肥育のための代表的な飼料の例を紹介しよう（表2の第一項目）。この例では、主要な濃厚飼料としてトウモロコシと大麦が給与されている。三番目のフスマは、小麦粉を精製するときに産出される副産物である。四番目のダイズ粕は、ダイズからダイズ油を搾った後に粕を粉砕して作られた粉末で、タンパク質含量が高く、家畜のタンパク質源として広く用いられている。

肥育牛は、このような飼料にカルシウムを添加した濃厚飼料を約七五パーセントから八五パーセント給与されている。また、粗飼料としては肥育前期には牧草を乾燥させた乾草が、肥育後期には稲わらが約一五～二五パーセント給与されている。よく誤解されていることであるが、ウシは牧草好きなのに、人間の都合で無理やり穀類（濃厚飼料）を食べさせられ、かわいそうだと思っている人が結構いる。しかし、実際にはウシは粗飼料よりも濃厚飼料の方を好んで食べる傾向がある。だから、濃厚飼料中心の飼料設計はけっしてウシを迫害しているわけではない。しかし、ウシにとって生理的に反芻胃（五三頁参照）を維持するためには、粗飼料の給与は必要不可欠で、もし粗飼料を与えなければ、ウシは病気になってしまう。

### エコフィード

家畜の飼料についての最近のホットなトピックスを二つ紹介しておこう。その一つは、エコフィードである。エコフィードとは、「環境にやさしい」や「節約する」の意味のエコと飼料のフィードを組みあわせて作られた造語である。エコフィードは食品製造副産物、余剰食品、調理残渣および農場残渣の四種類に分けられる。最初の食品製造副産物は、食品を製造する際に出てくる副産物で、代表的なものには、豆腐粕、ビール粕、醤油粕などがある。これらは、豆腐やビール、醤油を製造する際に必ず出てくる副産物で、通常は廃棄物として処理しなければならないものである。しかし、もし、近隣の畜産農家が飼料として利用してくれるのであれば、これらの食品の製造業者は焼却や廃棄のためのコストを減らすことができ、また畜産農家も飼料費を安く入手できるので、一石二鳥である。表2の第二項目で豆腐粕を利用したウシの肥育用の飼料設計の一例を示しておいた。

余剰食品や調理残渣は、売れ残りの弁当、カット野菜くずなどで、とくにコンビニや学校給食の「残飯」は昔からブタの飼料として使われてきた。しかし、このような残飯を摂取したブタの肉はやわらかくなり、また、残飯を食べているということで、以前は消費者のイメージが悪く安価で取り引きされていた。しかし、最近は残飯ではなくエコフィードと呼ばれるようになり、消費者の抵抗感も弱まり、プレミアムがついて高く売られているケースさえある。

農場残渣は、田畑などの圃場で収穫時に出る副産物で、稲わらや小麦わらなどの農業副産物やニンジンなど野菜の残渣や規格外品などがある。

エコフィードに関して価値ある発見の一つに、ブタにパンくずを給与すると霜降り豚肉のできることが挙げられる。これは、パンくずには必須アミノ酸の一つであるリジンの含量が少ないことによって起こる現象で、この発見以来、養豚業者からの買い取りが多くなって、それまで処理に困っていたパンくずは品不足状態になっているそうである。

## 飼料イネ

もう一つのトピックスは、イネの飼料利用である。イネの飼料化は、これまでにも何度か議論されてきたが、その都度、「人間が食べるコメを家畜のえさにするとは何事か」という反対意見が強く、実現には至らなかった。しかし、近年、食用としてコメの消費が年々低下しており、生産調整が続いている。そのようななか、近年、イネの飼料化がクローズアップされ、多くの研究がなされてきた。

イネの飼料化には、稲発酵粗飼料としての利用と飼料米の利用の二つがある。稲発酵粗飼料は飼料用のイネ品種を黄熟期前期に籾も茎も葉もいっしょにロールベーラーを用いて丸ごと収穫し、ビニールで包みこんで発酵させてサイレージ化したもので、乳牛や肉牛の飼料として利用されている。稲発酵粗飼料は、タンパク質含量が牧草と比べて低いものの、ウシの嗜好性がきわめて高く、良質の飼料に位置づけられている。手厚い補助金政策の下で、二〇〇〇年代になってから作付面積が急激に増加している。

もう一つの飼料米の利用は、ブタやニワトリへの給与が中心である。飼料米の利用は、ここ五年ぐらいの間に、高い補助金に支えられて全国的に広がっている。飼料米はニワトリには加工することなくそのまま給与することができ、卵の黄身は白くなって、プレミアムがつき、高値で販売されている。ブタへは、破砕した玄米を配合飼料に混ぜて給与することが多いようである。今はまだほとんど実用化されていないが、ウシへの給与についても、盛んに研究が行われている。表2の右の欄にトウモロコシを玄米で代用した飼料設計を示しておく。ウシへの給与には加工が必要なため、コストがかかり、そのことが普及の障害となっている。

これら二つのトピックスはいずれも、減り続ける飼料の自給率を向上するための対応策である。現在の畜産は、どの畜種でも海外からの大量の輸入飼料が利用されており、飼料の国際価格に大きく左右されて不安定である。今後は、いかに国産の飼料を増やすことができるかが持続可能な畜産を進めるうえで喫緊の検討課題である。

## 反芻家畜の第一胃

ウシやヒツジ、ヤギは四つの胃を持つ反芻家畜である（図9）。この四つの胃のおかげで、反芻家畜は人間が利用できない牧草や野草を摂取し、消化することができる。そして、このような特殊な能力を持つおかげで、今も家畜として数多く飼育され続けている。

まず、反芻について説明することにしよう。反芻とは、一度摂取し、胃に送った飼料を再び口に戻し、咀嚼し直して、唾液と混ぜ、再び胃に送る一連の行動のことである。一般に生草は繊維質で硬いので、反芻を行うことで細かく噛み砕き、消化の助けとしている。ウシは、上顎に門歯と犬歯がなく、その代わりに歯床板があって、舌に巻きつけて引き込んで長い生草を挟んで切断し、さらに大きな臼歯を用いて繊維質の多い飼料をすりつぶすことができる。

反芻家畜の四つの胃のうちで、第一胃は反芻胃（あるいはルーメンと呼ばれる）、第二胃は蜂巣胃、

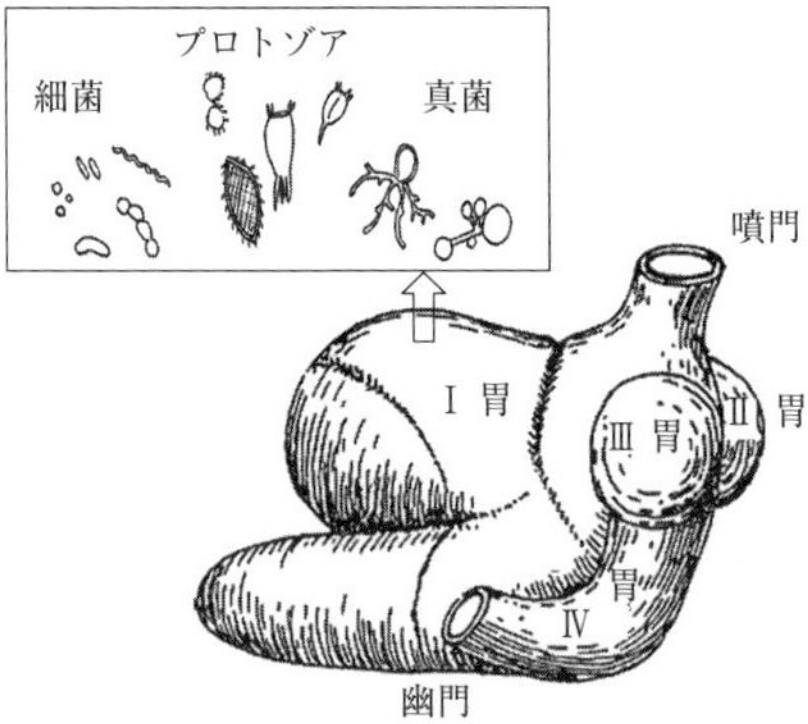


図9　ウシの４つの胃と第１胃内微生物

第三胃は重弁胃、第四胃は腺胃あるいは真胃と呼ばれている。ウシを例にとると、第一胃は胃全体の容積の約八〇パーセントを占め、大型品種では約一八〇リットルにも達し、腹腔いっぱいに広がっている。第二胃の内面には、蜂の巣状のひだがあり、第一胃からきた食塊を反芻の為に口腔に戻し、また、発酵を終えたものを第四の胃に送りだす役目を果たしている。したがって、第一胃と第二胃をあわせて反芻胃と呼ぶこともある（ただし、ルーメンといえば第一胃のみを指す）。

第一胃は、発酵タンクのような役割を持ち、そのなかにはさまざまな微生物が生息している。飼料の分解・消化はすべてこれら微生物が行っている。第一胃の内容物一グラムあたり一〇の一〇乗〜一一乗個の細菌（バクテリア）、一〇の五乗〜六乗個のプロトゾア（原虫）、一〇の三乗〜五乗個の真菌（ツボカビ類）が生息している。細菌は、大部分は酸素がない状態でしか生きられない嫌気性の菌で、セルロース分解菌、デンプン分解菌、水溶性糖類分解菌、脂質分解菌、メタン菌などに分けられる。また、プロトゾアは単細胞生物であるが、一〇〜二〇〇マイクロメートルと大きく、ほとんどが繊毛虫（ゾウリ虫のように全身に短い毛を持つ）である。これらの微生物の力を借りて、摂取された飼料中のデンプン、ヘミセルロース、セルロースがプロピオン酸、酢酸、酪酸など（これらを総称して揮発性脂肪酸VFAと呼ばれる）に分解される。これらの揮発性脂肪酸は、第一胃の壁から吸収されて、反芻動物のエネルギー源として利用されている。また、飼料中のタンパク質は、細菌やプロトゾアが持つタンパク質分解酵素によってアミノ酸に分解され、その際に発生したアンモニアはさらに微生物によって微生物体タンパク質に合成される。そのような微生物が、第四胃に行き、反芻動物のタンパク質源となる。

このように見ると、反芻動物は、繊維質が多く、タンパク質の少ない飼料を微生物のおかげで分解消化できていることがわかる。また、反芻動物は草食動物の代表格と見られているが、視点を変えて、第一胃内で増殖し死んだ細菌やプロトゾアを食べてタンパク質源にしていると考えれば、肉食動物でもあるといえる。

## 5　生命科学と先端技術

### ウシの繁殖技術

畜産分野で開発されてきた多くの繁殖技術が、現代の生命科学や医療分野に大きく貢献していることはまぎれもない事実である。畜産業において、最初でかつもっとも貢献をした繁殖技術は人工授精技術である。人工授精技術とは、雄牛から精液を採取し、それを希釈した後に、細長い注射針のような器具で雌牛の子宮内に注入する技術である。この技術が開発される以前は、ウシの繁殖は、雌牛の群に雄牛を放し、自然交配をさせるのが普通であった（この方式をまき牛方式と呼ぶ）。しかし現在では、わが国のウシのほぼ一〇〇パーセントが、人工授精で繁殖している。

人工授精が普及した背景には、液体窒素による凍結保存技術の発明がある。この凍結保存技術は一九五〇年代に開発されたもので、イギリスの研究者がウシの精液の保存液に偶然グリセリンを入れたところ、液体は凍結したにもかかわらず精子が生存していることを発見したところから始まった。多くの大きな発見がそうであるように、グリセリンが精子の凍結保存への道を開いたのはまさに偶然の産物であった。その後しばらくして、液体窒素を使って、マイナス一九六度で精液を半永久的に凍結保存できるようになり、さらに細いストローに入れた凍結精液は容易に持ち運びできるようになった。これらの技術開発のおかげで、ウシの精液は、地理的、時間的制約から解放されて、とくに乳牛やわが国の肉牛の生産現場では急速に普及していった。

この人工授精技術は雄側の技術革新で、優秀な種雄牛が数多くの子孫を残すことができるようになった。ウシの精液を週に約二回採取し、二〇〇倍に希釈後、凍結保存すると仮定すれば、一採取あたり射精される精子の数は五〇億個、一回の採取された精液あたりの受精可能頭数は二〇〇頭なので、年間採取回数を一二〇回とすれば、一頭の種雄牛から年間で約二万四〇〇〇頭分の精液を採取できる計算となる。

人工授精が雄側の技術革新であったとすれば、雌側の技術革新は、受精卵（胚）移植である。この技術は、すぐれた雌牛に過剰排卵処理を行い、人工授精を施した後で、その妊娠雌牛の生殖道から着床前の受精卵を採取し、性周期を同調させた他の雌の生殖道に受精卵を移植し、出産させる技術である。この技術は、精子と同様に受精卵を凍結保存できるようになった一九七〇年代から実用化されてきた。この技術によって優秀な雌牛が一度に数多くの子孫を残す道が開かれたが、現状では過剰排卵処理を行ったとしても一採卵に採卵できる頭数はせいぜい六個で、年間採卵数を三回としても、年間で一八頭の子孫しか残すことができず、雄側の人工授精技術に比べてインパクトは小さかった。しかし、それでも一年一産が原則であった雌の繁殖が、優秀な雌が一年で数多くの子孫を残すことができるようになった点では、技術革新といってもよいであろう。

受精卵移植技術がわが国の生産現場にもたらしたもう一つの効用は、乳牛に黒毛和種を生ませることができるようになった点である。通常の繁殖では、生まれた子牛のうちの半分は雄牛で、乳牛の雄牛は黒毛和種と比べて肉質で劣るため、経済的な価値は低い。したがって、酪農家が経済性を追求するのであれば、自分の飼育している乳牛の雌牛に黒毛和種の受精卵を移植すれば、乳を同じだけ搾ることができ、そのうえ、生まれた子牛は黒毛和種なので、雄であっても高値で販売することができる。しかし、すべての酪農家がこのようなことを行えば、生まれる乳牛の頭数が減少し、雌の数も減少するので、乳生産そのものが成り立たなくなる恐れがある。

このような問題を解決する方法に、雌雄産み分け技術がある。もし雌雄の産み分けができるならば、極端な話、乳牛では雌のみを生むようにすればよい。とくに、精子のレベルで雌雄判別ができれば、人工授精の段階で目的の性の産子を得ることが可能となり、その経済価値はきわめて高いものになるだろう。人間も含めて哺乳類の性は、精子によって決定される。雄の精子には、X染色体を持つX精子とY染色体を持つY精子があり、雌の卵子の性染色体はXのみなので、X精子が受精すれば、子はXXで雌となり、Y精子が受精すれば、子はXYとなって雄となる。X精子とY精子を精子のレベルで判別することは長い間の研究者の夢であったが、現在はX精子とY精子のDNA含量の違いを利用するフローサイトメータ法が開発され、その方法を用いた性判別の的中率はＸ精子もＹ精子も九〇パーセントを超えている。このことは、ウシの世界では雌雄産み分け技術がすでにできていることを意味している。しかしながら、性判別精子は通常の精子と比べて受胎率が低いことや価格が高いことなどの理由から、普及はいまだ限られている。

## クローン技術の真実

一般の読者がクローンという言葉を聞いたとき、孫悟空が自分の分身を髪の毛から作るシーンやまったく自分と同一の人間が出てくる映画のシーンなどを思い浮かべて、気味が悪いといった印象を持つのではないだろうか。そのようなクローンという言葉が持つネガティブなイメージと生命倫理上の問題から、クローン牛の牛肉や牛乳は一切食用として市場に出回ることなく、クローンに関する研究も頓挫している。しかし、クローン技術は、畜産学分野で開発され社会にもっともインパクトを与えた技術であり、生命科学や生物発生学におよぼした影響もきわめて多大であった。今話題のｉＰＳ細胞の成功も、このようなクローン技術の成功があったればこそである。クローン技術をこのまま衰退させるのは、あまりにも残念である。そこで、本章ではクローン技術について解説し、読者が持ついくつかの疑問に答えたいと思う。

まず、クローンという用語について説明するところから始めよう。クローンはもともとギリシャ語で「小枝の集まり」を意味する。生物学史では、植物の栄養生殖（接ぎ木など）に対してクローンと名付けられたのが始まりとされている。畜産分野でクローンという言葉が最初に用いられたのは、筆者の知る限り、一卵性双子を人工的に作り出せるようになったときである。この方法は、二細胞期にある卵子を二つの割球に分離し、分離した割球を体外に取り出し、培養液中で培養して胚盤胞期まで発生させて、受精卵移植によって借り腹牛に移植して、一卵性双子を生産するものである。自然の一卵性双子と区別するために、人工的に生産された一卵性双子をクローン、厳密には分割卵クローンと呼ぶようになった。

この分割卵クローン技術の限界は、双子以上の多産子を生産することが難しかった点であった。この問題点を解決したのが、核移植技術である。核移植技術は、そもそも特定の形質を発現する遺伝子を持つ細胞核（ドナー核と呼ぶ）を、除核した成熟未受精卵子に移植して目的の形質を発現させるために開発された技術で、一九三八年にすでにイモリのような両生類では成功していた。しかし、哺乳類で成功したのは一九八〇年代に入ってからである。一九八六年にイギリスにおいて、受精後の八または一六個に分裂したヒツジのドナー核を未受精卵に移植してクローン胚を作り出し、借り腹ヒツジに受精卵移植して、クローンヒツジが生産された。このように生産された個体は受精卵クローンと呼ばれ、その後すぐにウシでも成功している。

このような方法で生産された家畜はクローンと呼ばれていたが、無性生殖（精子や卵子を経ない生殖）であることがクローンの要件と考えれば、これらの技術で生みだされた家畜は厳密にはクローンではない。本当の意味でクローンと呼ぶにふさわしいものは、世界を震撼させた体細胞から作り出されたクローンヒツジ「ドリー」であった。

一九九七年二月二七日号のNature誌に掲載された、ロスリン研究所のグループがヒツジの乳腺細胞を用いてクローンヒツジを作り出したという記事は、科学界に大きな衝撃を与えた。ロスリン研究所のグループが行った体細胞クローンヒツジ作出法は、まず、ヒツジの乳腺細胞を〇・五パーセントの低血清濃度で培養（血清飢餓培養と呼ばれる）し、その体細胞をあらかじめ核を除去した未受精卵に顕微鏡下でマイクロマニピュレータと呼ばれる装置を用いて手作業で導入する。次に、電気的に細胞融合させて、借り腹ヒツジに移植して体細胞クローンヒツジを誕生させた。なお、この実験では二七七個の核移植を行った胚のうちで、たった一頭のドリーが生まれたもので、成功率はわずか〇・三パーセントであった。しかしこの方法が画期的であった点は、血清飢餓培養処理で体細胞が初期化された点であった。

その後、日本人を中心に体細胞クローン技術がウシに応用され、二〇一四年までにわが国では、累積で体細胞クローンウシは五九四頭生産されている。しかし、すべて食用には回せない状態のまま、死亡すれば廃棄されている。

さて、ここでクローンに関連する疑問に答えたいと思う。その第一が、「なぜ、クローンヒツジが生み出されたのか」である。クローン技術は、人間への応用を考えたマッドサイエンティスト（狂った科学者）の所業と考えられがちであるが、体細胞クローンヒツジ・ドリーの生産目的は、乳汁中に人の血友病の治療薬を生産させるクローンヒツジを生産することであった。遺伝子操作によって血友病の治療薬を乳汁として生産するヒツジを一度でも作り出すことができれば、クローン技術があれば同じ遺伝子構造を持つ個体を数多く生産できるようになる。このことで、安価に大量の治療薬を生産する道ができる。このようにドリー出生に関する研究は、人へのクローン技術の応用をねらったものでなく、製薬企業の支援のもとで、多くの人々を救う薬を大量に生産することをねらった研究であった。しかし、同時にこの技術が、人のクローン作出への道を開いたこともまた事実であろう。

体細胞クローン技術はさまざまな可能性を秘めている。たとえば、体細胞クローン技術で有名種雄牛のクローンを作れば、無限に優秀な子孫を生産し続けられる。夢物語かもしれないが、凍結保存されたマンモスゾウの死体から、遺伝子が状態よく保存された細胞が見つかれば、マンモスゾウを復元できるかもしれない。また、現在、日本にいるトキはすべて中国からもらったトキの子孫であるが、日本固有の最後のトキは凍結保存されており、体細胞クローン技術を利用できれば、日本固有のトキの復元も可能となる。

第二の疑問は、「クローンはまったく遺伝的に同一なのか」である。この疑問に関しては、分割卵クローンは人工的に一卵性双子を生産しただけのものなので、遺伝的に同一である。しかし、核移植技術を用いて生産した受精卵クローンや体細胞クローンは必ずしも遺伝的に同一とは限らない。もし、遺伝情報がすべて核に存在すると仮定した場合には、これらのクローンが遺伝的に同一であるといえるが、核移植技術の場合、通常、取り出した核は異なる個体の未受精卵に移植されるので、核と細胞質が異なる個体由来となる。細胞質のなかには、エネルギー生産に重要な役割を果たすミトコンドリアが存在し、ミトコンドリアは独自の遺伝情報（ＤＮＡ）を持っているため、クローン間では細胞質、すなわちミトコンドリアが元の個体とは異なるということになる。そのため、必ずしも遺伝的に同一とはいえない。実際、これまでの研究報告では、ホルスタイン種の白と黒の毛色の位置などはクローン間でよく似ているが、ウシの発育形質や枝肉形質ではクローン間でかなりの差のあることが知られている。

最後に、「クローン牛は正常といえるのか、またその生産物は安全か」という疑問である。この疑問は、多くの人が抱いている疑問であろう。まず、しばしば誤解されていることであるが、クローンの生産過程では、核が移植されているだけで、一切遺伝子操作はなされていない。この点は、重々理解しておいて頂きたい。次に、問題なく出生し、発育し、成熟したウシならば、まったく通常のウシと変わらない。子孫を残す繁殖能力も正常である。二〇〇六年には米国の食品医療局は、米国内での大規模なデータの分析から、クローン牛の乳や肉は正常な個体と何も異ならないと報告している。また、わが国でもクローン牛に関するさまざまなデータが採取され、通常の牛と比較されたところ、両者に統計的な差異は認められていない。実際、筆者は有名種雄牛の体細胞クローン牛の肉を食したことがあるが、霜降りも素晴らしく、美味であった。個人的には、クローン牛の肉や乳は安全であると確信している。

しかし、その一方で、体細胞クローン牛は、受胎後の早期胚死滅や流産、胎水過多症、過大子（通常は黒毛和種の生時体重は三〇キログラム程度であるが五〇キログラムを超える個体が生まれることがある）とそれに関連する難産や出生後直死などの事故率がきわめて高いことも事実である。このことを考えれば、体細胞クローン牛には何らかの生存上の異常があることは否定できないところである（畜産物として異常があるとは思えない）。このような異常が生じる理由としてはさまざまな仮説があるが、まだ確たる答えは得られていない。なぜ、正常に育つ体細胞クローン牛が存在する一方で、途中で死亡する個体も数多くいるかは、生命の神秘と言わざるをえない。この謎の解明こそが将来の生命科学にゆだねられた重要な課題であろう。

## 6　ウシを取り巻くさまざまな問題

### ウシによるメタン排出

ウシのゲップで発生したメタンが、地球の温暖化に大きく影響していることはよく知られた事実である。しかしウシのゲップでメタンが排出されるメカニズムについては、あまり知られていないのではないだろうか。そこで本項ではその点について解説するが、その前に、まず、地球温暖化とメタンの関係について簡単に触れておくことにしよう。

地球の温暖化に影響を与える温室効果ガスには、二酸化炭素、メタン、亜酸化窒素、ハイドロフルカーボン、パーフルオロカーボン、六フッ化硫黄などがある。そのなかでウシなどの反芻家畜がもっとも大きく関与しているのがメタンである。温室効果ガスは、種類によって、地球温暖化に対する影響が異なり、メタンは二酸化炭素の二一倍（現在は二五倍とされているが、過去の研究との比較のために二一倍が採用されるケースが多い）の効果があるとされ、地球温暖化に対する寄与が大きいため、反芻家畜によるメタン排出の削減が世界的な議論となっている。

ウシが一年間に排出するメタンは、六〇～一六〇キログラムとされる。このような数値に大きな幅があるのは、メタン排出量は体重や摂取する飼料によって異なるからである。この数字だけではイメージがつかみにくいので、自家用車の二酸化炭素排出量と比較して説明することにしよう。今、仮にウシが一年間に排出するメタンを一〇〇キログラムと仮定する。その地球温暖化への影響は、二酸化炭素に換算する（二一倍する）と二・一トンになる。他方、車の二酸化炭素排出量は年間八〇〇〇キロ走行で一台あたり二・一トンとなる。このことから、ざっくりとウシ一頭からのメタン排出量と車一台からの二酸化炭素排出量は同程度に地球温暖化に対して影響を与えることがわかる。全世界の約一四億頭のウシの影響がいかに大きいかは想像できよう。

それでは、なぜウシはゲップによってメタンを排出するかについて述べることにしよう。ウシの第一胃のなかには細菌、プロトゾア、真菌が生息し、そのことで人間の利用できない牧草や野草を肉や乳などの人間の食料に変換してくれることはすでに述べた（図９）。その細菌の一種にメタン菌があり、このメタン菌が、他の微生物が繊維分解する際に生じる水素を利用してメタンを生成しているのである。ウシにとってはこのことは非常に重要で、第一胃内には酸素がないため、もしメタン菌が存在しなければ第一胃内は水素で充満してしまい、正常に機能しなくなってしまう。したがって、ウシは、人間の利用できない牧草や野草を利用して食料に変換することの代償に、ゲップによってメタンを排出しているのである。最近よく、ウシがメタンの発生源として悪者扱いされているが、ウシの側からみれば避けることのできない生理機能で、この点を責められるのはあまりにも気の毒な気がする。

それならば、ウシを傷つけることなくメタンの排出を低減できないものだろうか。近年、ウシからのメタン排出量を低減しようとする試みは世界中で試みられている。この試みは大きく分けて飼育方法の変更、飼料添加物の利用、遺伝的改良の三つがあげられる。さらにそのなかでもいろいろなオプションが考えられているが、ここでは主だったもののみを紹介する。

第一の飼育方法の変更でもっともシンプルな方法は粗飼料の給与量を減らし、濃厚飼料の給与量を増やすことである。一般にメタン排出量は、高タンパク質の飼料を給与した場合に少なく、高繊維飼料を給与すると多くなる。これは高繊維飼料を多く摂取すると第一胃内の微生物の働きが活発化し、発生した大量の水素がメタン菌によって利用され、メタン排出量が増加するためである。やっかいなことに、これまでの話では、ウシなどの反芻動物の最大のメリットは人間が利用できない牧草や野草を摂取してくれることであったが、メタン排出量の低減を目的とすれば、むしろ濃厚飼料中心に舎飼いで飼育した方が良いことになる。また、おなじ牧草であっても、低質のものよりも良質のものを給与する方がよいことになり、高価な良質飼料を購入できない開発途上国の貧しい農家にとってはより負担が大きくなる。

第二の飼料添加物の利用であるが、かつてメタン排出低減にもっとも有効な方法として注目されたのが抗生物質の一つであるモネンシンの利用であった。もともとモネンシンは、肥育促進のために米国を中心に使用されていたものだが、同時に水素発生の原因となるプロトゾアや細菌の活動を阻害するため、結果としてメタン排出を抑制することになっていた。モネンシンの利用はあっという間に世界中に広まったが、最近になってＥＵ諸国を中心に抗生物質の使用を見直す動きが強まり、二〇〇六年からはＥＵ諸国では、家畜の成長目的に抗生物質の使用が禁じられている。ちなみにわが国では、抗生物質の利用は禁止されていないが、モネンシンの肉牛への利用は霜降りに悪影響を及ぼすなどの理由からほとんど使用されていない。

ＥＵ諸国でモネンシンの利用が禁じられた後に注目を集めているのが、植物由来のタンニンやサポニンなどの抗菌性物質の利用である。しかし、これらの植物性抗菌物質ではモネンシンほどの劇的な効果が期待できず、微生物によるタンパク質利用も抑制されて乳生産や増体量が低下するなど解決すべき問題も多い。

わが国でも、一九九〇年代からウシのメタン排出低減のための研究が盛んに行われてきたが、その一つの成果に多価不飽和脂肪酸カルシウム塩を飼料に添加する方法がある。多価不飽和脂肪酸はアマニ油やナタネ油などの植物油に多く含まれているが、多価不飽和脂肪酸が第一胃に入ると二重結合が外れて水素とつながり、飽和脂肪酸になる。したがって、多価不飽和脂肪酸を給与すると第一胃内の水素が減少し、その分、メタンの発生が抑制されることになる。現在、筆者らもアマニ油脂肪酸カルシウム塩をウシの飼料に添加して給与研究を進めているが、メタン排出が抑制できるのみならず、予期せぬことであるが牛肉があっさりして食べやすくなる効果が認められている。その原因については不明であるが、さらなる研究を進行中である。

第三の遺伝的改良に関しては、メタン排出量そのものを低減するというよりは、生産物あたりのメタン排出量を減らすという視点に立った研究が多い。すなわち、生産効率を向上させれば、メタン排出量の増加よりも生産物量が増え、結果として生産物あたりで見ればメタン排出量の抑制につながるという考え方である。オランダの例でいえば、京都議定書でベースとされている一九九〇年には一頭あたりの牛乳の生産量は年間六二七〇キログラムであったが、二〇〇八年には年間八三五〇キログラムまで遺伝的改良が進み、牛乳一キログラムあたりのメタン排出量は一七・六キログラムから一五・四キログラムまで低減できたと報告されている。これまでの生産性の向上を目指した育種は、環境負荷の視点に立っても正しい選択であり、望ましい結果をもたらしたと考えられている。

## ＢＳＥ問題について

ＢＳＥ（正式には牛海綿状脳症、俗称では狂牛病）は、伝達性海綿状脳症（ＴＳＥ）の一つで、ウシの脳をスポンジ状に変化させ、起立不能などを引き起こす中枢神経性の疾病で、二～八年の潜伏期間を経て発症し、発症後は、二週間から六カ月で死に至る。ＢＳＥは一九八六年にイギリスで最初に報告され、その後、ヨーロッパ全土で報告されるようになった。現在までに、世界中で約一八万頭以上のＢＳＥ感染牛が報告されている。当初はイギリスのウシの風土病ぐらいの認識であったが、ＢＳＥの問題が世界を震撼させたのは、一九九六年にＢＳＥが人間の変異性クロイツフェルトヤコブ病と関連している可能性を示唆する研究が報告されたときであった。ちょうど、この問題が新聞報道されたときに筆者はオランダに留学しており、一緒にいたオランダ人研究者たちが驚きと事態の深刻さに驚愕していたのをよく覚えている。

日本でＢＳＥが最初に発見されたのは、二〇〇一年九月九日である。ちょうど、米国で起こった九・一一事件の二日前だったのでよく覚えている。ニュースで何度も何度もウシが起立不能になる映像が流されたこともあって、日本中が大パニックに陥った。市場では牛肉はほとんど売れなくなり、価格は暴落した。さらに、日本では当初狂牛病と呼ばれていたことが、多くの国民に極度の恐怖心を植え付けることになった点は否定できない。

政府もこのパニックに対処すべく、すぐに当時感染源と考えられていた肉骨粉などの反芻動物由来のタンパク質飼料を反芻家畜に使用することを禁止し、同時に屠殺場の全頭調査に踏み切った。さらに、特定危険部位として回腸遠位部と扁桃、頭部(舌と頬を除く)、脊髄および肉骨粉はすべて取り除き、焼却処分することを決定した。その結果、二〇一四年現在、わが国で確認されたBSE感染牛は合計三六頭に留まり、最後に生まれた感染牛は二〇〇二年一月生まれである。つまり、国際獣疫事務局(OIE)が定める「過去一一年以内に自国で生まれた牛にBSE発生がないこと」という要件を満たし、二〇一三年五月には、はれてBSE清浄国と認定された。このことから、少なくともわが国におけるBSEの問題は終焉したといえる。

しかし、BSE問題のなかでいまだ解決していない問題もいくつか残されている。その一つが感染源と感染ルートの解明である。読者のなかでも、BSEの発生源が肉骨粉と信じておられる方も多いと思われるが、実はそうとは限らないのである。少し専門的になるかもしれないが、BSE問題が我々に残した教訓と考えて、あえて本章で書くことにする。

BSEについては、まだまだ未知の部分が多いが、BSEの原因は異常プリオンタンパク質（ＢＳＥプリオンとも呼ばれる）で、ＢＳＥの感染はそのＢＳＥプリオンの飼料からの取り込みによって起こると考えられている。とくにその取り込みは子牛において強く、ＢＳＥ感染牛の多くは子牛の時の飼料が原因になっている可能性が強いとされている。

図10は三六頭のＢＳＥ感染牛の生まれた年と発見時の月齢を図示したものである。この図を見ると、ＢＳＥ感染牛の分布は四つの集団に分類され、高齢の黒毛和種（Ｓ群）、一九九五〜一九九六年に出生したグループ（Ⅰ群）、一九九九〜二〇〇〇年に出生したグループ（Ⅱ群）そして二一カ月と二三カ月で発症したグループ（Ⅲ群）である。この図からわかるように、ＢＳＥの発症は連続的に起こったのではなく、不連続で起こっており、このことからわが国のＢＳＥ発症の原因は、一つあるいは複数であっても少数の可能性が高い。一九九六年前後に高濃度の汚染があり（Ⅰ群）、その後の一九九七〜一九九八年までは汚染はまったくなく、一九九九〜二〇〇〇年にかけて北海道を中心に再び何らかの汚染があったと見ることができる（Ⅱ群）。

一九九五〜一九九六年にかけて出生したホルスタイン種一三頭の感染源調査においては、その内の一二頭が同一の製造工場で生産された代用乳が給与されており（残りの一頭は、調査時に廃業していたため聞き取り調査ができず、不明とされた）、その代用乳が感染源で、

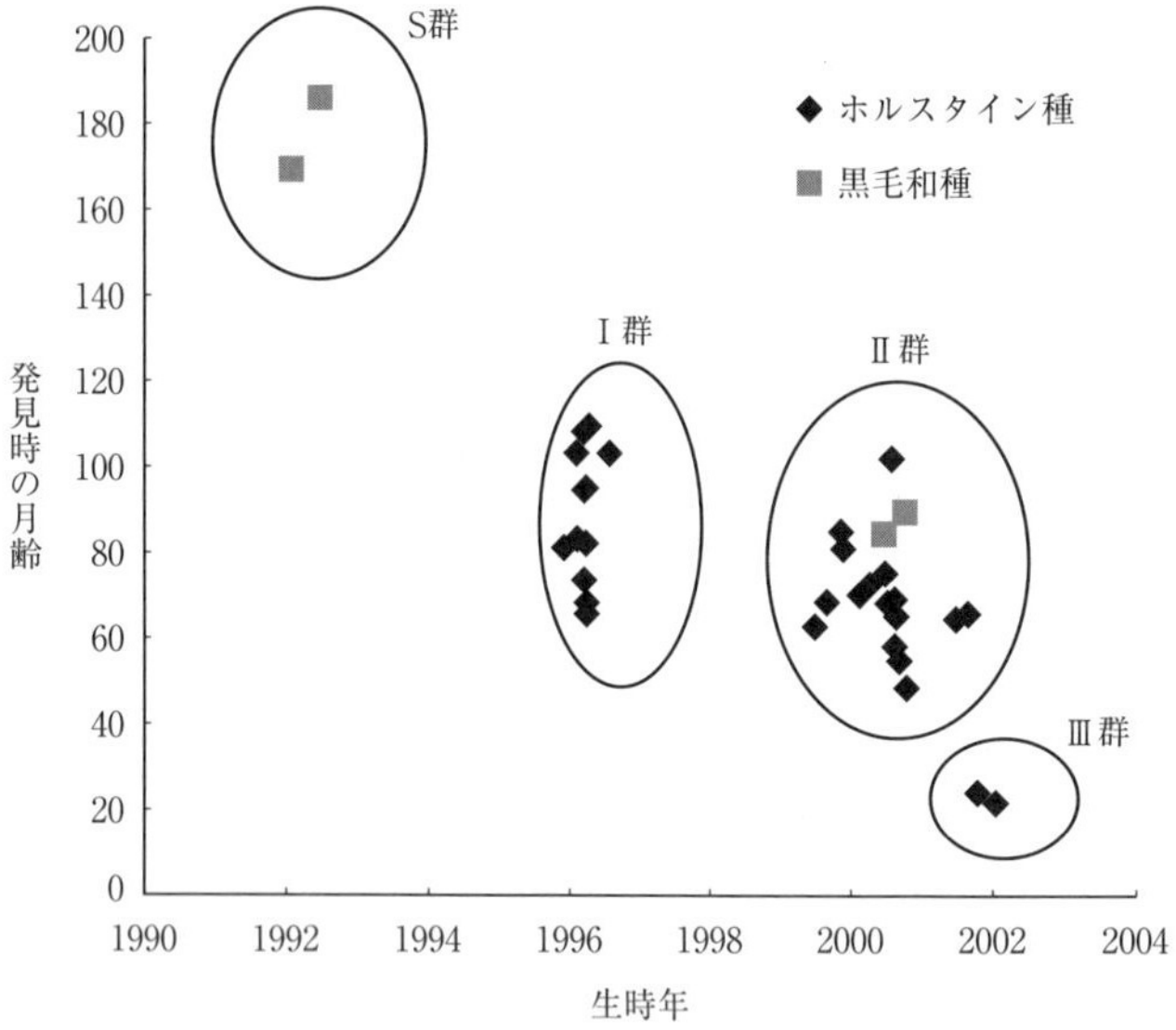


図10　生年次別BSE罹患牛の発見時の月齢分布

汚染されたオランダ産の油脂が代用乳に混入したのではないかと考えるのがもっとも科学的に妥当である。それにもかかわらず、オランダの工場には関係書類はほとんど残っておらず、関連工場のうち、一工場は廃止されていたなどの理由で、公には感染源が特定されていないままである。

ＢＳＥ問題を振り返って、日本人はリスク評価の考え方を身につける必要があると強く感じている。二〇〇一年にわが国でＢＳＥ感染牛が確認されたとき、日本中が大パニックとなった。異論があるかもしれないが、そのときの政府が行った全頭検査と飼料の徹底した規制、特定危険部位の除去は生産者や消費者にとっては正しい政策であったと今も信じている。このような政策があったからこそ、暴落した牛肉価格はすぐに回復し、消費の落ち込みは最小限で済み、牛肉に対する消費者の信頼は保てたのである。

しかし、その一方で、リスクゼロはありえないことを知っておくべきである。当時、筆者も多くの方々から、ＢＳＥ問題で日本の牛肉は安全かと質問されたが、日本の牛肉は安全だと答えてきた。その根拠は、イギリスのように二〇万頭近いウシが感染していれば別であるが、日本のようにたった一頭の感染牛が確認されただけの状況ならば、実際にＢＳＥ感染牛の牛肉を食する可能性はきわめて低く、たとえ食したとしてもウシと人間の種の壁から、食べた人が変異性クロイツフェルトヤコブ病に感染する可能性はほぼゼロであろうと断言できたからである。

わが国が二〇一三年五月にＢＳＥ清浄国になったことにともない、国産牛肉の輸出再開に向けた検疫協議が開始され、ＢＳＥに関するさまざまな規制が緩和されてきている。二〇一三年七月より全頭検査から四八カ月超の牛のみが検査されるようになり、全頭廃棄の特定危険部位は回腸遠位部と扁桃のみとなり、頭部、脊髄、脊柱は三〇カ月超のウシのみが廃棄対象となった。したがって、廃棄されない部位は飼料用油脂の原料となることが容認されることとなった。繰り返すが、このような規制の緩和によってわが国の牛肉の安全性が揺らぐことはないと信じたいが、これまでの厳しい規制によってBSEの新しい発生を防いでいたことも事実であり、二〇一三年の規制の緩和によって近い将来、わが国にBSE感染牛が発生することがないよう祈るばかりである。

### 口蹄疫について

二〇一〇年四月、宮崎県で口蹄疫がわが国で一〇年ぶりに発生し、約二九万頭の家畜が殺処分され、宮崎県の畜産農家や関連業者が壊滅的な被害を受けた。口蹄疫とは、ウシ、スイギュウ、ブタ、ヒツジ、ヤギ、ラクダなどの偶蹄目の動物に感染する伝染病である。口蹄疫は口蹄疫ウイルスによって起こり、典型的な症状は口や蹄に水疱やビランができ、発熱、よだれ、食欲不振などである。しかし、家畜種やウイルスの型によって症状には多少の相違がある。潜伏期間はウシでは六日、ブタでは一〇日、ヒツジでは九日といわれ、感染した家畜は呼気、糞、尿、よだれ、涙、乳、精液などあらゆる分泌液でウイルスを排出する。ウシはとくに感受性が強く感染しやすいが、成牛で致死率は五パーセント程度と低く、回復しても約二年半程度はウイルスを持ち続ける。ブタはウシよりも感染しにくいが一度感染すると大量のウイルスを排泄し、非常に危険で致死率は高いものの、キャリア（保因個体で発病していないが感染力を持つ個体）にはならない。口蹄疫による家畜の殺処分は、世界的にはこれまでにも何度もあり、最近では一九九七年に台湾で三〇〇万頭、二〇〇一年にはイギリスで六〇〇万頭、二〇〇二年には韓国で一六万頭、さらに二〇一〇年には韓国で一五〇万頭が殺処分されている。

それでは、なぜ、口蹄疫に感染した家畜は、全頭殺処分しなければならないのだろうか。それには理由がある。まず第一に、口蹄疫の抗ウイルス治療薬はなく、第二にウシもブタも殺さなければ感染拡大の原因になりえる点である。実際、口蹄疫ウイルスの感染力は非常に強く、車両、関連器具、飼料、人（衣類、靴、鼻や咽頭など）に付着して移動し、感染が広がる。さらに空気中のミストにさえ付着して、空気感染する。また、ウイルスは長期間にわたり活性を持つことが知られている。

一つ注意すべき点は、よく口蹄疫は人間には感染しないと言っている人がいるが、それは誤りで、口蹄疫ウイルスは濃厚に触れると人間でもまれに感染することがある。しかし、人間の場合は仮に感染したとしても軽い発熱や口内炎で終わり、完全に回復する。最近、専門家と称する人が正しい情報を伝えないことが多い。おそらく国民のパニックを恐れてのことであろうが、ここでは事実を書くことにする。しかし、繰り返し言うが、人間に感染してもまったく問題はなく、気にする必要はまったくない。ただし重要なのは、人間が感染していた場合、そのまま家畜に触れたりしたら大変なことになるという点である。したがって、われわれ畜産関係者は、口蹄疫発生国から帰国する際には、衣服や靴は現地で捨て、帰国後一週間は絶対に家畜が飼育されているエリアに入らないようにしている。

これまでは、口蹄疫が発生した時に緊急に行う対策は、前述のように大量の殺処分を行うしかなかったが、最近ではワクチン接種による対策が有望視されている。これまでは、ワクチン接種はウイルスの型が異なれば効果が期待できないことや、国内生産がなく備蓄が少ないこと、ワクチンを使用した家畜は自然感染との区別がつかないことから、使用されるケースが少なかった。しかし、二〇一〇年の宮崎県での発生の際には、ワクチン接種を行い、そのすべてを殺処分した。最近、ウイルス感染による抗体とワクチンによる抗体を区別できるマーカーワクチンが開発され、「殺すワクチン」から「生かすワクチン」へのシフトが進みつつある。

## 7　畜産の近未来

### アニマルウェルフェアへの配慮

最近、欧米では、アニマルウェルフェア（動物福祉）の問題が動物愛護の思想ともつながって、畜産に対する一般の人々の関心事となっている。とくにヨーロッパでは、たとえ家畜であってもアニマルウェルフェアに配慮した飼育が義務づけられている。そこで、ここでは、畜産におけるアニマルウェルフェアについて簡単に紹介しよう。

アニマルウェルフェアは、最初は実験動物や使役動物へのあわれみや同情から生まれてきたもので、動物ができる限りその動物にとってより良い状態でいられることを目標としていた。具体的には、五つの自由と呼ばれる、空腹・渇きからの自由、不快からの自由、痛み・損傷・病気からの自由、正常行動実現の自由そして恐怖・苦悩からの自由を動物に保証することに重点が置かれてきた。しかし、最近のアニマルウェルフェアは、あわれみや同情というよりはむしろ、より科学的、より客観的な観点から、家畜の飼育環境を良くして、畜産物の質と生産性を上げようとする方向に向かっている。

家畜が健康でいられるのに必要な飼料と水を摂取することが保証されていることは重要である(空腹と渇きからの自由)。この点に関してウシの生産と関連する問題としては、肥育時の濃厚飼料の多給が挙げられる。濃厚飼料を多給することで、肥育牛の増体量は向上するかもしれないが、極端な多給では、第一胃内のpHが低下し、また鼓脹症、脂肪肝、ルーメンアシドーシス、尿石症などのさまざまな病気が引き起こされ、アニマルウェルフェアの観点から問題となる。また、わが国で広く行われている霜降り牛肉生産のためのビタミンAのコントロールも、極端な欠乏状態にすると上皮組織の角質化、免疫機能の低下、肺炎、下痢、食欲不振、摂食量の低下、夜盲症、失明、繁殖障害、関節や胸部の浮腫等、さまざまな症状が現れるため、痛み・損傷・病気からの自由に抵触する恐れがあり、今後、アニマルウェルフェアの問題になる可能性が高いと考えられる。したがって、ビタミンAをコントロールしなくとも霜降り牛肉を生産する新しい技術の開発が期待されるところである。

快適な休息場所やさまざまな環境ストレスを避けるための適切な飼養環境は、不快からの自由を保障するため、すべての家畜において重要である。寒冷対策には、投光器やヒーターを利用し、とくに隙間風が入らないようにすることが効果的である。一方、夏の暑さに対しては、風通しのよい畜舎構造や牛舎全体の空気を動かすための扇風機を屋内に設置するなど、生産面だけでなくアニマルウェルフェアの観点からも配慮すべきである。

肉牛の飼養管理で注意すべき事項の一つに、離乳時に生じる子牛の離乳ストレスがある。わが国では肉牛の子牛の離乳時期は、以前は六カ月齢程度であったが、最近は早期離乳が普及してきて三カ月程度で離乳させる農家が一般的となっている。離乳は、子牛にとってはストレスが大きく、母がいないことや場所が変わったことへの不安から歩き回り、母を呼んで鳴き続けるケースも多い。これらは、不快からの自由や恐怖・苦悩からの自由とも関連し、アニマルウェルフェアの問題といえる。兵庫県の試験場では、このような子牛のストレスを少しでも和らげるために、子牛を母牛から離すのではなく、子牛を慣れ親しんだ場所に残し、母牛を移動させる試みがなされている。

これからの家畜生産では、このようなアニマルウェルフェアへの配慮は避けて通ることはできず、近い将来、わが国でも重要になってくることは必須である。また、かつてはアニマルウェルフェアを配慮すれば生産性を犠牲にせざるをえないと考えられていたが、健康に育った家畜からの畜産物を好んで買いたいと考える消費者が増え、高い価格で販売できるようになれば、農家の意識も変化し、アニマルウェルフェアに配慮した畜産物を積極的に生産する農家が増えることが期待できる。

かつて和牛は、農耕用に用いられていたため、各農家は一、二頭を飼養し、コメやムギ生産の奉仕者として位置づけられていた。したがって、農家は和牛をペットのようにかわいがり、家族の一員と考えていた。中山間地の農家では、牛小屋は母屋とつながって建てられ、冬に雪に閉ざされても、飼料の給与や世話が容易にできる構造になっていた。また、母牛が子牛を生んだ際には、飾り付けをして祝うなどの風習も残っている。以前のわが国におけるこのような飼育形態は、アニマルウェルフェアの議論とはまったく無縁であった。家畜と人が共存するためには、今後、このような考え方を生産者が持ち、同時に消費者も畜産物を食することは家畜の命を頂くことであると認識して、感謝するような習慣ができるのであれば、非常に望ましいことであろう。

### 家畜生産vs穀物生産

現在、世界レベルでの人口増加と地球環境問題が、畜産業に大きな影を落としている。表3が示しているように、家畜生産は、穀物生産と比べてエネルギーの投入が大きく、一メガジュールのエネルギー投入に対して生産できるタンパク質の量は、穀物では八〜四一グラムであるのに対して、牛肉では四・四グラム、もっとも効率の良い牛乳でさえ一一グラムで、投入したエネルギー量に対して生産されるタンパク質量はかなり低いことがわかる。また、環境負荷に関しても二酸化炭素一キログラム排出あたり、小麦では一九二グラム、トウモロコシでは一四一グラムのタンパク質が生産できるのに対して、牛肉はわずか七・一グラムである。

表３　畜産物と穀物のタンパク質生産効率と環境負荷の比較

| 品　目 | エネルギーあたりのタンパク生産効率(g/MJ) | GHG あたりのタンパク生産効率(g/kg$CO_2$eq) |
|---|---|---|
| 牛　肉 | 4.4 | 7.1 |
| 豚　肉 | 7.3 | 25.0 |
| 鶏　肉 | 7.0 | 39.0 |
| 鶏　卵 | 9.0 | 42.0 |
| 牛　乳 | 11.0 | 31.0 |
| チーズ | 6.5 | 28.0 |
| 小　麦 | 29.0 | 192.0 |
| トウモロコシ | 19.0 | 141.0 |
| 大　麦 | 41.0 | 187.0 |
| ライムギ | 48.0 | 283.0 |
| エンバク | 57.0 | 359.0 |
| コ　メ | 8.4 | 56.0 |

出典：A.D.Gonzalez ら (2011) *Food Policy* 36(5), 562-570

現在、地球上には約七〇億人が暮らしているが、二〇五〇年には人口が九〇億人に達し、その八〇パーセントが発展途上国で暮らすようになると推計されている。そのような発展途上国が経済的に豊かになり、現在の穀物中心の食生活から先進国と同様に畜産物を多く含む食生活にシフトした場合、畜産物の需要が大幅に増加することは避けられない状況にある。そのような畜産物需要の増加は、飼料用穀物の大量生産を必要とし、そのような穀物を生産するために広大な土地が必要となる。さらに、人びとの畜産物の需要を満たすためには反芻家畜の増産が必要で、反芻家畜由来のメタン発生がさらに増加することも考えられる。

このことから、最近、ウシなどの反芻家畜の肉の消費から、ブタやニワトリの単胃家畜の肉への消費のシフト、さらには畜産物から植物性食品への消費のシフトを呼びかけるキャンペーンが、先進国を中心に起こっている。欧米ではミートレスマンディー（肉のない月曜日）なる運動も起こっている。しかし、人類の歴史を振り返ると肉や乳は良質の貴重なエネルギー源やタンパク質源であり、さまざまなビタミンやミネラルの供給源でもあった。我々は畜産物のない食卓に耐えられるであろうか。

この問題を考える仮定として、もし、畜産物の摂取をやめて家畜を飼育しなくなったらどうなるのかを考えてみるとよい。まず、人々が畜産物から摂取していた良質のタンパク質やエネルギーを作物から摂取しなければならなくなる。その結果、多量の食用作物の栽培が必要となる。また、家畜がいなくなると堆肥の生産ができなくなり、無機化学肥料が大量に必要となる。さらに家畜生産の副産物である、皮革や獣脂、家畜由来の薬などを代用するためには、炭化水素ベースの合成品を生産する必要が生じ、余分のエネルギーの投入と環境負荷物質の排出が余儀なくされる。しかも合成品が、家畜由来の製品と同等の質になる保証はない。

家畜のなかでもウシは生産効率が低いとよく指摘される。しかし、この問題は単純に生産効率を比較するだけでは不公平で、視点を少し変えると異なる様相が見えてくる。表4を見て頂きたい。確かに、生産された飼料タンパク質に対して家畜に給与したタンパク質の比で表したタンパク質変換効率（数値の低い方が効率的）を比較すると、鶏肉や豚肉生産に対して牛肉生産は劣ることになる。しかし、ブタやニワトリの飼料は、そのほとんどが、人間も食用としても利用できる濃厚飼料である。それに対して、ウシは人間が利用できな

表４　全体と可食部に関するタンパク質変換効率

| 生産システム | 全体（給与タンパク質/可食部タンパク質 | 可食（給与可食タンパク質/可食タンパク質） |
|---|---|---|
| 酪　農 | 5.6 | 0.7 |
| ウシ繁殖 | 23.8 | 2.0 |
| ウシ通常肥育 | 14.9 | 1.6 |
| ウシ穀物肥育 | 8.3 | 3.0 |
| 養　豚 | 4.3 | 2.6 |
| 肉用鶏 | 3.0 | 2.1 |
| 産卵鶏 | 3.2 | 2.3 |

出典：J.M.Wilkinson (2011) *Animal* 5(7), 1014-1022

い牧草や野草を多く摂取しているので、もし、人間が食用として利用できる飼料中のタンパク質に対する生産物中のタンパク質の比で表せば、牛乳や牛肉のタンパク質変換効率は、豚肉や鶏肉生産よりもまさることになる。

仮に、人々がウシを食べなくなり、ウシの頭数が減少したと仮定すると、広大な牧草地や野草地が不要となる。しかし、このような土地の多くは、もともと食用作物の生産に不向きな土地で、このような土地が荒廃し、そのような土地の維持や保全に莫大な費用が必要であることも考えるべきである。

このように、地球規模での食の問題は単純な問題ではなく、たんに生産効率や環境負荷の大きさのみに注目して議論できるものでもない。今後も、食の問題と地球規模での土地の分配問題には畜産が大きく関わっており、いかに適切に畜産を行ってゆくかは、今後の重要な検討課題になるであろう。

### 新しい耕畜連携の再構築

現在の家畜生産と作物生産は、規模拡大の結果、専業化して異なる農家によって独立に営まれていることが多い。畜産農家からは家畜の糞尿、耕種農家からは作物残渣が大量に出て、それらが環境汚染源となっている。その一方で、畜産農家や耕種農家は、大量の原料や化石エネルギーを外部から購入している。要するに、農家内での生物循環がほとんど存在していない状態になっている。このような生産体系は、持続的農業の視点から見れば、明らかに限界に達している。

このような現代の畜産と作物生産の問題点を少しでも解決すべく、最近、国内外で新しい耕畜連携（家畜生産と作物生産の連携）が模索されはじめている。このようなシステムにおいて重要な点は、外部から購入する飼料や化学肥料を極力減らし、内部の栄養素の循環を最大限利用して、外部環境に排泄される窒素やリンなどの環境負荷物質量を低減することである。

新しい耕畜連携の再構築とそれによる環境負荷低減の可能性については、農家レベルと地域レベルとを区別して議論する必要がある。数は少ないが、今でも家畜とともに水稲や畑作、飼料作物などの耕種作物を生産している複合生産農家がある。このような複合生産農家では一般に土壌、作物、家畜の間に栄養素の循環が存在している。しかし、さらに環境負荷低減の可能性を探るにはどうすればよいか。家畜由来の環境負荷を低減するには、畜舎に蓄積された生糞尿やその堆肥化の過程で揮散するアンモニアや窒素化合物の量を減らし、農地からの栄養素の揮散や溶脱を低減し、効率よく堆肥や化学肥料を施肥し、作物による栄養素の吸収効率の向上を促進することが重要である。その際、堆肥と化学肥料をどのように組みあわせるのがベストかも検討する必要があろう。また、農家全体の栄養素の利用効率や農家内での栄養素の内部循環を増加させて、栄養素の環境への損失量を極力低減させることも重要である。そのためには、農家内で自給飼料を積極的に生産して農家外からの飼料の購入を減らし、同時にできる限り堆肥を農地還元して化学肥料の購入を抑え、農家内の栄養素の循環を最大限活用することが肝要であろう。

一方、現在のほとんどの農家はすでに専業化してしまっているため、農家内での耕畜連携は現実的とは言い難い。このような状況は先進国共通の問題であるが、地域レベルでの耕畜連携の再構築こそが、新しい持続可能な生産形態として世界的に期待されている。わが国の地域レベルでの耕畜連携の例としては「家畜の食べ物」の節で述べた飼料イネの利用がある。一般には飼料用のイネの生産は従前の稲作農家が担っている。地域レベルの耕畜連携の成功の一つの鍵は、飼料生産事業を請け負うコントラクター（農作業委託組織）の活用である。コントラクターのような飼料生産の受託組織が存在し、飼料生産を担えば、少なくとも飼料生産のための労働時間は削減でき、高齢化の進んだ稲作農家との耕畜連携も可能となる。

第二の鍵は堆肥の販売である。堆肥の販売は、収益性の低い畜産農家にとっては重要な収入源となっており、いかに地域内で堆肥の流通をスムーズにするかは、地域全体の農業にとっても重要な課題である。すなわち、家畜頭数は多いが、堆肥を還元するに十分な農地を持たない畜産農家にとっては、糞尿処理は死活問題であり、堆肥を高値で引き取ってくれる作物農家が近隣にあれば、畜産農家の経営の助けにもなり、地域内での資源循環が活発になる。耕畜連携が進むにつれて、作物農家と畜産農家の間の信頼関係が構築され、このような状況は糞尿処理の問題解決にもプラスに働くはずである。もっとも、いかなる場合でも、畜産農家による質の良い堆肥づくりが不可欠である。

さらに、家畜の偏在にともなう糞尿由来の環境負荷の地域格差も解決すべき課題の一つである。この問題に対する解決策の一つが、堆肥の広域流通の促進である。このことは、堆肥処理施設の適正配置や輸送コストも最小化なども考慮して検討すべきである。

## アジアのリーダーとして

最近の二〇年間における世界のウシ頭数の推移をみると、アジア、アフリカ、南アメリカなどの発展途上国では飼育頭数が急速に増加しているのに対して、ヨーロッパなどの先進国では飼育頭数がむしろ減少している。その原因を探ると、アジアやアフリカでは、急速な経済発展にともなって畜産物の需要が高まり、また南アメリカでは、それに加えてアマゾン川の開発などで森林が伐採されて、放牧地に変わり、新規に大規模な牛肉生産が行われるようになっていることが挙げられる。それに対してヨーロッパでは、成人病や肥満の増加が問題となり、健康志向から牛乳や牛肉の消費が減少し、さらに家畜の遺伝的改良によって一頭あたりの生産性が向上し、少頭数で需要を満たせるようになって、飼育頭数が減少している。このように、現在の畜産は、先進国と発展途上国の間に大きな違いが生じ、まさに畜産の南北問題が起こっている。

将来を展望すれば、今後も発展途上国では畜産物の需要は増加すると考えられる。しかし、同時に家畜の飼料、とりわけトウモロコシなどの穀物は、食用と飼料用、さらにはバイオエネルギー用の三用途で利用され、これら三用途間の競合によって、これからは飼料用穀物の生産は制約されると予想される。そのようななかで、家畜生産は今後どうあるべきだろうか。この問題への対処は、世界中の産官学の有識者が知恵を出しあい、消費者をも巻き込んでチャレンジする必要がある。その意味でも、これからの畜産はおもしろい。

戦後、日本人は体格が大きくなり、病気も減って、寿命も延びた。その理由はいろいろ考えられるが、食の西洋化とそれにともなう畜産物の摂取が影響していることはまちがいない。そもそも畜産は、夏に乾燥、冬に湿潤で牧草の生育に適した欧米で発展してきたものである。したがって、日本のように夏に雨季を持ち、雑草が繁茂するモンスーン地域には適さないものであった。このようなきびしい環境の中で、日本人は欧米に負けないような畜産を実践してきた。生産性の高さも畜産物の質の良さも世界トップクラスである。世界に冠たる黒毛和種も日本の宝といえる。隣のアジアの国々では、畜産物に対する高いニーズは今後も続くことはまちがいない。アジアのリーダーとして、アジアの自然環境に適した日本発の新しい持続可能な家畜生産システムを構築することこそが、今本当に求められていることであろう。

# 第2章　「夢がいっぱい牧場」の展開

## ——北海道での新規就農から六次産業化まで——

片岡文洋

片岡文洋

（かたおか　ふみひろ）

1945年，京都府生まれ。
有限会社「夢がいっぱい牧場」会長。

---

京都大学農学部農学科卒業。大学卒業後２年間の実習を経て1971年，北海道広尾郡大樹町萌和に新規就農する。89年，ハンバーグの委託製造・販売を開始。93年，食肉加工場を建設し食肉販売も開始。95年，有限会社「夢がいっぱい牧場」設立。2001年には農業仲間三人とともに帯広市内の「北の屋台」にてアンテナショップ「農屋《みのりや》」をオープン。ビフトロ丼が評判になる。

---

## 1　京都・福知山で

### 少年時代

私は五歳のときに母を亡くした。母は助産婦として自転車で往診するほど元気だったが、四〇歳過ぎに舌癌を患い、福知山から京都市内の府立医大病院へ通院していた。そして一九五一年八月一五日に病状が急変し、帰らぬ人となった。母の死はその後の私にとって大きな転機となった。

すぐ近所で従兄弟が農業を営んでいたので、父と兄が仕事や学校に出掛け不在になると遊びに行き、昼食をよく頂いた。彼の姉妹は嫁入り前であったが優しく働き者で、私に母の死を感じさせない力があり、本当に救われたと思っている。

従兄弟の家での体験は、さまざまな思い出を残してくれた。味噌や醤油は手作りで、既成のものにない実に素朴な独特のうまみがあった。砂糖の代わりに甘柿の皮を干したものを煮詰めてダシを取り利用していた。収穫したコメは国に供出し、普段は割れたコメや未熟米をダイコンのみじん切りとともに炊いた「大根飯」であった。実においしくてその香りと味はいまだに脳裏に刻まれている。何杯食べても腹一杯にならないのが不思議で、その原因が「ダイコンのジアスターゼがデンプンの消化吸収を助けるため」であると中学生のときにわかり、納得したのも懐かしい思い出である。農耕用の和牛が玄関横の牛房で飼われており、尿と風呂の落とし湯が一緒になって肥料として使われていた。離れ家では養蚕もしており、古き良き農村生活に触れられたことは本当に貴重であったと感謝している。

中学生になり、教科が増え参考書なども買わなければならず、ニワトリを飼って卵を売り学費に充てることにした。ヒントは従兄弟の家にあった。新たに養鶏にも取り組んでいたので鶏舎の作り方や飼い方を教えてもらい、自分でも五羽を飼うことにした。毎日四、五個は産卵したので父に一個二〇円で買ってもらった。大変高いように思われるが当時としてはこれが相場であり、現在その半分で買うことができるのは、卵が超優良商品といわれるように、コストダウンに成功した結果なのである。個数が多く、やがて父が買い切れなくなったため、近所の魚屋に交渉に行って一個二〇円で買ってもらうことになった。これも家庭事情を知る店主夫婦が理解してくれたものと感謝している。餌やりは毎日、学校へ行く前と夕方の二回。道端の雑草ダイオウを採ってきて、配合飼料とともに与えた。

## 方向転換

このころから将来の夢は、野口英世伝の影響を受けたため医者になろうと決めていた。兄二人が法学部、父も司法書士で、彼らと同じ道を進むのは嫌だという反発もあった。進むなら金もないから国立で一番の東大医学部と決め、猛勉強を開始した。高校に入るとニワトリは一〇羽に増やし、一方で猛勉強を続けた。しかし二年生の夏季全国模擬試験で東大医学部の合格可能率が四七パーセントと出た。この結果に担任は「非常に厳しい数字だ。諦めた方がいい」と言い放った。がむしゃらに勉強してきた私にとって、茫然自失の日々が始まった。少し冷静になり考えると、残された一年半を頑張れば可能性はなくもない。しかし担任の言葉はこたえた。暗闇のなかをさまようような日々が続き、思考力もストップした。

そんな状況など知る由もない義姉（長兄の嫁）がある日、婦人雑誌の写真記事を送ってきた。それは当時函館近郊の駒ケ岳でフランス産の肉牛シャロレーの牧場を経営している画家の曾田玄陽氏に関するものだった。内容は氏が画家としてフランスで修業中、ステーキで食べたシャロレーの味に感激、自分で飼育したいと駒ケ岳に牧場を開設したとのこと。写真はたくさんあったが、一番強く印象づけられたのは氏が馬にまたがりテンガロンハット姿で東京・銀座を闊歩しているものであった。暗闇で葛藤していた私にとってはまさに「干天の慈雨」であった。

私がこれほど衝撃を受けたことは後日、氏をモデルにしたテレビドラマ「太陽野郎」が製作・放映されたことでもおわかり頂けよう。カウボーイ姿もカッコよかったが、何よりも私の幼少時の体験に基づく百姓魂に火がついた瞬間であった。根が単純な私は、将来の夢を「肉牛牧場を経営すること」に決めた。さっそく担任にそのことを話すと「そうか。それなら今の実力で京大農学部に入れる」と、なんともあっさり言うではないか。私はそれ以来いっさい受験勉強を放棄し、以前よりみたかった洋画ばかり映画館でみる日々を送った。義姉に「牛飼い目指して京大を受験する」と伝えたところ、「それはいいこと。文ちゃんは農学部が向いていると思っていたの」と言ってくれた。母親代わりでもあった彼女はもとから私の性向を知っていたのだ。世のなかいろんな人たちがいて、自分のことを客観的にみてくれているものである。

## 学生時代

幸いにも一九六四年に京大農学部農学科に合格できた。約五〇名のクラスの一人となり、さっそくクラスコンパが行われた。自分より年上と思われるクラスメートがゴロゴロいる。互いに自己紹介してみると一浪はもとより二浪、三浪までいることがわかった。さらに驚いたのは一〇名ほどが「将来は農業をやりたい」と熱弁をふるったのだ。みな、私より経済的に余裕があるようにみえるし、話しっぷりも堂々としていて圧倒され、情けないことに縮こまっていた。それが卒業後は私を含めて三名が就農しただけであった。

体力のない私は無性に身体を酷使したくなり、憧れであったボート部に入部しに行ったが、あっさりと断られた。身長が足りなかったのである。悄然として歩いていると相撲部が目につき、部室に入るといとも簡単に入部が許され、さっそく古くて臭い立つような「まわし」を締めて土俵でデビューとなった。後で部室を見渡すと、部是として「強き者よし、弱き者さらによし」と墨書してあった。この相撲部での体験は牧場経営だけでなく、私の人生でも大きな意義を持つことになった。

講義にはほとんど出ず、相撲・家庭教師・受験サークルのバイトに精を出していたが、ある日異変に気づいた。通学の電車に乗るとまわりの人たちが私をジロジロみてゲラゲラ笑っているように思えた。さらに脂汗が出るようになっていたのである。なぜ、こうなったのかわからず、相撲だけは思い切りやり身体を酷使した。こうすれば軟弱な精神が鍛えられると思ったのだが、練習後みんなで銭湯に行き、汗を流して電車に乗ると、また同じ状態になるのだ。さらに精神を強化せねばと思い、宗教書などを読み漁ったが効果なく、一年が終わろうとしたとき、一冊の本が目にとまった。

### 禅との出会い

それは黄檗宗萬福寺の老師・村瀬玄妙師が書かれた禅の入門書であった。そこには師の在籍する「緑樹院」で坐禅修行ができるとあった。萬福寺は当時私の住んでいた所から自転車で三〇分ほどの所にあり、さっそく申し込みをした。翌年の一月三日から五日間の修行に参加してみると、北海道から来ている人たちも含め二〇名ほどがいた。朝は五時から夜一〇時まで読経・坐禅・食事・作務と、ビッシリ日程が組まれていた。私はなんとか苦境から抜け出そうと、朝みんなより早く起床して風呂場で水をかぶった。その飛沫が壁のタイルに当たると瞬時に凍るほど、宇治地方でも寒い日々であった。一日が淡々と過ぎていくなか、全員が集い悩みや苦しみを語り合うときもあったが、その内容の記憶はまったくない。それほど自分のことで精一杯だった。最終日、師の公案を頂く「修了試験」があった。私には「父母未生以前、本来の姿は何ぞや?」というものが課せられた。最初は何の意味かさっぱりわからなかったが、坐って考えるといとも簡単であった。「父・母が生まれる前のお前は何だった?」という意味で、父・母がいなければ自分は生存していないわけだから、「無!」と答えると「よし!」と合格させて頂いた。

わずか五日間の体験ではあったが、自己客観視すなわち「あるがままの自分を受け入れる」という禅の極意の片鱗に触れることができたように思う。私は目標の一つ、大学合格達成後に起こった心の空白に忍び寄った病気(対人恐怖症)に陥っていたのだ。引き金となったのは次兄に小さいときから「お前の鼻は平べったい」と言われ続けたこと、このトラウマが原因であった。昔はこのような病状を五月病と言い、京大生の罹患率は全国でもトップクラスであった。残念ながらこの病で退学した学友もいる。今では親から頂いた低いけれど人一倍嗅覚のいい鼻に感謝している。この村瀬玄妙師との出会いも以降の生活で活き活きと効力を発揮してくれることになる。

相撲部での先輩や友人たちとの出会いも私に大きな影響を与えた。大学入学まで受験勉強に終始していたため先輩と接し、話す機会がなく、相変わらず相撲部で先輩とため口で話していたある日、羽毛田先輩から呼び出され「片岡君、先輩にはちゃんと敬語を使わなければ駄目だよ」と優しく諭された。私はハッと我に返り、恥じ入るとともに以後徹底的に注意するようになった。三回生で主務になり、二年間、他大学との交渉や接触の場が多くなったが、羽毛田先輩の戒めがつねに頭のなかにあった。卒業後、後輩が北海道の我が家までわざわざ西日本学生相撲連盟の功労の楯を持参してくれたが、これもひとえに羽毛田先輩の助言の賜物と感謝している。できる人は寸言をもって人生に影響を与えると痛感させられた。因みにこの先輩は後に宮内庁長官をつとめられた羽毛田信吾氏である。

連日、土俵上では激しい申し合いやぶつかり稽古で汗を流し、土俵下では四股を踏み基礎体力と忍耐力を培った。ひ弱な身体は卒業時には筋骨隆々となり、まさに北海道の牛飼いに相応しい身体となっていた。入学三年後には無事、家畜飼養・育種学教室に進むことができ、上坂章次先生・並河澄先生に巡り会えたことは牧場経営にどれだけ影響を受けたか、筆舌に尽くせぬ恩義を感じている。

**畜産実習**

留年したため五回生になると、上坂先生は牧場経営のための実習先をいろいろ考え、紹介してくださった。なかでも京都府内南丹市の田中牧場での搾乳実習は一週間という短期間だったが、教えられることが多々あった。毎朝五時に始まり夕方六時には終わったが、働きづめではなく、昼は三〇分の昼寝ができる余裕があった。この昼寝の習慣は今では私のライフスタイルである。毎夕食は必ず牛肉・豚肉・鶏肉のいずれかの料理が出た。「畜産農家は労働が激しいから必ず一日一食は肉料理を食べなさい」と強調された。夫妻は家族経営ながら京大式の農業簿記を実践され、その実績から全国農業祭で天皇賞を受賞されたほど素晴らしい人たちでもあった。

夏期実習は一カ月間、大分県久住畜産試験場で学友の溝川義治君と受けた。上坂先生の教え子で当時場長だった寺尾正二氏に依頼されたのだ。試験場に着き、事務の方から実習内容を聞くや、私は愕然とした。「実習費は払わないし食事代も負担するように」と言うのだ。私は多少の実習費は頂けるものと思い片道切符で来ていた。寺尾場長にその旨を話すと大変驚かれ、「日大の学生たちは旅館から通って実習している。もちろん、実習費は払っていない」とのこと。しかし私があまりにしつこく懇願するものだから、上坂先生に相談された結果「片岡君は貧乏学生だから何とかしてやってくれ」との返答に。「異例中の異例」として五〇〇円／日を頂くことになった。このなかから附属する農業大学学生寮での食事代として三五〇円／日が引かれたが、一五〇円／日を頂き無事帰京できた。このときの体験をもとに私は就農後約二〇年間は実習生たちに五〇〇円／日を交通費として支払うことにした。

実習は一〇数頭の種雄牛の散歩、乾草の収穫、ウシにつくダニの駆除、雑草刈りなど、連日汗だくで取り組んだ。それにしても農大生たちは農家の後継者のせいか何事もテキパキと要領よく働いた。なかでも一五キログラム前後の直方体に梱包された乾草を長い柄のフォークで軽々とトラックに積み上げるパワーには圧倒された。要領もあるだろうが、相撲と力の使い方に違いのあることがよくわかった。また、試験場で働く職員の方たちにも快く接して頂き、ときに酒食をご馳走になったりして、今でも手紙のやり取りや産物を送ったり送られたりといった交流をしている。

一日の作業を終え、溝川君と自ら沸かした風呂に入り西の空をみると、茜色に輝く空に阿蘇の白い噴煙がもくもくと上っている。この情景は今も鮮烈に瞼に焼きついている。食事の量は我々にとっては大変少なく、農大生ともども昼過ぎにくる軽トラックの移動スーパーのパンやソーセージなどを買い空腹を満たした。ときには溝川君と近くの渓流でイワナを釣り単身赴任中だった寺尾場長の台所を借りて煮つけて食した。この体験も私が実習生を受け入れるようになってから腹一杯食事をさせることにつながる。久住畜産試験場での一カ月の実習は多岐にわたり、得がたい体験ができたと感謝している。

夏休みが終わり後期授業が始まると、上坂先生は私の進路を心配していろいろと就職先を考えてくださった。定年間近の先生にとって牧場をやりたいという学生は珍しく、余計に腐心して頂き、ご迷惑をおかけしたと申し訳なく思っている。就職といってもゆくゆくは独立して牧場を経営したいという願望があるため簡単ではなく、本当にご苦労だったと思っている。

国際学会で知り合ったコスタリカ農務省の方より新設する国営畜産試験場の責任者に採用したいという話を頂いたときには私も大いに心動かされたが、「渡航費や当面の生活費などで一〇〇万円は必要」と言われ、断念せざるをえなかった。当時は一ドル三六〇円で、アメリカ大陸に渡るにはそれくらいの経費は必要だったのだ。ブラジルのコチア産業組合からも話があったが、同国は口蹄疫汚染国でありお断りした。他には北海道の企業牧場の話もあり現地をみたが、イメージが湧かずこれも断念した。就職してから独立するということがいかに難しいかがわかってくると、今度はいきなり新規就農しないかというお誘いが北海道の二カ所からきた。両方とも土地代はタダで、面積は五〇ヘクタールと申し分ない話ではあったが、あまりに僻地（そんな贅沢は言えない立場だが自分が軟弱であった）で資金の目途が立たないので、これらもお断りした。今思うとこの二カ所は大変な僻地ではあるが、資金は農協より借り入れが不可能ではないし、肉牛経営にとっては最適の土地を拒否した自分が知識不足であったと、忸怩《じくじ》たるものがある。

## 2　実習時代

### 北海道へ

当時は新規入植して農業を始める者も少しずつ出てきてはいたが、相談する機関もなく自ら土地を探し親の退職金や財産を処分して勇躍開拓に飛び込んだのである。一九七〇～八〇年に新規就農した人の名簿が北海道農業会議（各市町村の農業委員会の上部組織）で作られ「緑むせる創造」のタイトルで文集も三号まで発行された。一号の表紙絵は当時の情景をよく表しており大変懐かしい。

一方、八方塞がりの私のもとに、上坂先生の知人の某教授から「大樹町《たいきちょう》で酪農実験農場をやろうとしている人がいるが、そのスタッフになってはどうか」という話が舞い込んできた。その人、T氏は農業経済学の先生で外国で学位を取ったとのこと。後戻りはできないし、この話以外選択の余地はないと背水の陣で本人に会った。印象はなんとなく頼りな

図1　文集「緑むせる創造」の表紙

く、「実験農場はうまくいくだろうか」という不安の方が大きかった。

しかし私は一九六九年五月、十勝大樹町の駅に降り立った。迎えのT氏の車で馬糞風（馬糞が吹き飛ばされるほど強い春の風）が吹くなか実験農場に向かったが、途中で車がエンストしてしまった。京都伏見の店で買った安い背広の上下は車を押しているうちに土ぼこりで真っ白になった。

やっとのことで実験農場の隣の森谷農場に着いた。T氏がここの主の森谷重雄さんに挨拶するのと、車修理を依頼するためだったようだ。それにしても相撲で鍛えた押しがこんなところで発揮されるとは夢にも思わなかった。土ぼこりで汚れた私の姿を見るなり、森谷さんは一言、「君が実験農場で働くのか。三日もつかな」と冷たく言い放った。初対面の人間に対してなんと失礼な態度と思ったが、後でその意味がわかった。実験農場とは名ばかりで土地の売買契約もできておらず、地区の農事組合の管理下にあったのだ。T氏は道内の大学教授の傍ら、外国の大学で研究もしており、売買の話が延び延びになり、農事組合としては売買中止も考えていたそうだ。

そんなこととは露知らず勇んで乗り込んだ私はショックを受けた。しかしやるしかないと腹を決めた。連日、T氏と私が農業委員会に出向いて交渉した結果、「片岡が実験農場に常駐することを条件に土地売買を認める」ということになった。世間の実験農場に対する目は冷たく、その都度私は「実験農場の私ではなく、文句はT氏に言ってくれ」とかわしていた。

### 実験農場の整備

実験農場は酪農を廃業した離農農家で、住宅は傾き長くて太い唐松数本で突っ張りがしてあった。床板はむき出しでムシロを引いた一室があったので、学友からもらった使い古しの布団（私の掛け布団は真ん中で綿が半分に割れていたので、みかねた学友がプレゼントしてくれた）を敷き、寝起きした。持参したものはこの他、家庭教師をしていた子供がくれた自転車と食器類、衣類、文房具などであった。履物は革靴しかなかったので、前の住人がゴミ捨て場に捨てていたゴム長靴をくるぶしの所で切り取り短靴にして常用した。ズボンももらった古いジーンズを切り取り半ズボンにし、上半身は裸で役場や商店に出掛けた。当時の役場は古くて昼間でも薄暗く、私の裸姿を見た人は「今日は茶色のシャツを着ている」と見間違えたと、後日笑って話してくれた。当時、町内には飼料袋を貫頭衣《かんとうい》のように着ている篤農家もおられたし、恥ずかしいとか惨めだという気持ちは一切なく、逆に何もないところから作り上げていくのだという希望しかなかった。

ウシはT氏の友人の融資で一〇頭の乳牛が導入された。放牧して育成するのだが、有刺鉄線や牧柵は冬の雪ですべて切断したり折れたりしていたので、補修することから始まった。一人でやる作業は中途半端で猫の手でもあればどれほど助かるかとつくづく思い知らされた。しかし一人でやらざるをえなくなると知恵が湧いてくる。たとえば有刺鉄線を張るときは打ち込んだ杭に等間隔で釘を打っておき、鉄線を左手のプライヤーで掴み、体重をかけて釘に引っ掛け、右手のカナヅチで打ち込むのである。五ヘクタールほどの放牧地は一週間で完成した。「必要は発明の母」というが、まさに私は初仕事をやり終えたのである。

夏休みになるとT氏の大学から実習生が五名、来場した。そして隣地との境界に杭を打ち有刺鉄線を張ることになった。湿地でヨシが背丈以上に伸びている状況で、どうしたらいいか悩んだが、幸いなことに境界の左右の高台に大木があるのでピンときた。二本の大木に一人ずつ登らせ、約三〇〇メートルの境界線上に一人、長い棒の先にタオルを巻きつけて歩かせ、三点が一直線になるように大木の上から「右、左」と大声で指示した。その後を鎌でヨシを刈り取る役をつけ、わずかの時間で一直線の境界線ができあがった。湿地なので杭を運ぶのに一輪車も使えず、考えた末、縄でしょいこ（背負いばしご）を作り、杭を五、六本ずつ束ねて運んだ。暑くて裸でやったものだから背中は血がにじんだ。若いからいきがってやった面もあるが、痛くも何ともなかった。等間隔で杭を打ち、有刺鉄線を張り終えたころには、夕日が沈みかけていた。これらの作業の一部始終をみていた取材中の記者がいたく感心し報道したものだから、全道から実習依頼が殺到するようになった。

### 知恵をしぼる

「無いから知恵をしぼる」ことの大切さは以降、いろんな場面で生かされた。牧草を刈り取り乾草を作る時期になったが、トラクターや作業機は一切なかったので隣の森谷さんから借りることになった。素人同然の私を彼が心配してくれたのだ。雨が降る夜一〇時ころ、彼から「これから牧草を刈るから家に来るように」と有線連絡が入った。「え！　今から……」と驚きながら行ってみると、平然と「雨の後は必ず晴れるから、牧草は雨の日に刈り取って乾草を作るんだ」と言い放ち、黙々と機械をセットしていく。「ところでトラクターは乗ったことあるか？」と聞くので大学附属農場での一〇〇メートルほどの体験走行を思い出し「あります！」と格好つけて返事したのがまずかった。「じゃあ乗って行くべ」とトラクターに乗せられた。さあ困った。実は車の免許も持っていなかったのだ。傍にいた小学六年生の彼の長男に「これどうやって動かすの？」と小声で聞くと「クラッチを踏んでギアチェンジするんだよ」と教えてくれた。彼が小学生ながら立派にトラクターに乗り牧草の反転作業をしているのをみていたから、恥をしのんで聞いたのだ。トラクターにモアー（草刈機）を取りつけて走り出したがハンドルは甘くて左右に大きく揺れるし、モアーの草よけバーにはその弾みで後頭部をしたたかに打たれるし、散々であった。

草地に入り森谷さんが手本の草刈をみせてくれ、私がやることになった。運転はおろか作業機操作の経験ゼロの私が手本のようにできるわけがない。モアーにからんだ牧草を取り除くのに何十回もトラクターを乗り降りした。ようやく約一ヘクタールの牧草を刈り終えたのは明け方の五時ごろだった。今なら四〇分もあれば十分に刈り取れるが、七時間もかかったのだ。雨は上がっており、見渡すとまるでトラ刈りで素人目にも出鱈目ぶりがよくわかった。

と、草地の片隅に彼のトラックが停まっている。私は苛立つ気持ちを抑え運転席で寝ている彼に「おはようございます。やっと終わりました」と話しかけた。すると「おう、終わったか。怪我はなかったか？」と優しく聞くではないか。聞くと彼は心配で刈り終わるのを待っていてくれたのだ。私は苛立った自分が恥ずかしく、彼の優しさに猛省させられた。それ以降、彼は私の先輩であり師匠でもある存在になり、機械操作は言うにおよばず、地域との関わり方や営農の基本的なことまであらゆる分野にわたり教授してくれることになった。また、家族同様に扱って頂き、食事もよくご馳走になった。彼の母親も夫人も、京都でお世話になった田中夫妻同様、「百姓は毎日、肉を食べないといかん。そうしないと力が出ない」と強調され、腹一杯になるまでおいしく頂いた。イカのシーズンには彼の母親がザル一杯のイカソーメンを作り「これ全部食べな」と出してくれたが、私はこんな高価なものと仰天した。「とんでもない！」と辞退し逃げようとする私に包丁を振り上げ「食ってけ！」の大声。それに屈服し、おいしく頂いたことは今も鮮烈に脳裏に刻まれている。

森谷さん一家との強い絆は地域の人たちに溶け込むための大きな後押しとなり、就農への大きな力となってくれた。今でもこの地域の人たちとはお付き合いをさせて頂いている。

自炊のために一週間に一度、大樹の街まで往復二〇キロメートルを大きなリュックを背負って自転車で出掛けた。食べ物が切れたときは牧場を流れる小川の水溜りにいるヤチウグイ（ウグイは沼や川にいるが、ヤチウグイは水溜りにいるため表面がジュンサイのようにヌルヌルしている）を釣り、煮つけて食べた。たまたまその食事をみた近所の人が驚き、「猫またぎのヤチウグイを食べている」と吹聴したため、すっかり私はゲテモノ食いの変人扱いにされてしまった。ウグイの名誉のために言っておくが、コイ科の魚で成魚アカハラの煮つけとルイベ（凍らせて刺身にしたもの）は私の大好物である。

冬の厳しい寒さは初体験で戸惑うことだらけだった。飲料水は井戸よりモーターで汲み上げるのだが、大雪のため停電し稼動しなくなると飲用も入浴も不可能になり、雪を溶かして利用した。五右衛門風呂はいくら雪を溶かしても足りず、おまけに枯れ葉や自分が吐いた痰が浮かんだりして散々であった。昔、入植した人たちの生活がいかに大変だったかと苦労がしのばれたものだ。先住民のアイヌの人たちと懇意になり生活の術をいろいろと教えてもらい、厳しい開拓生活を乗り越えている農家が今も多く存在している。マイナス三〇度近くまで下がると木が割れる「凍裂」現象が起きたが、その音も記憶に残っている。

## 結婚、独立へ

春になるとスタッフも二人増え、作業は円滑に進むようになった。すると周囲から独立して自営に入らないかという具体的な話が舞い込むようになった。森谷さんに相談し、町内三カ所の離農跡地の検討を始めたが、どうしてもクリアしなければならないことが一つあった。それは独身ではなく夫婦でなければならないということだ。私には付き合っている女性がいなかったので、京都の長兄にいい人を紹介してほしいと頼み込んだ。同時にT氏にも「独立を視野に結婚を考えている」と報告すると、外国より手紙で簡単に解雇を言い渡された。T氏にすれば私の存在が疎ましくなりつつあり、未熟者に何ができるかと格好のきっかけと思われたに違いない。かくして後に引けなくなった私は長兄の家で見合いをすることになった。相手は長兄の子（甥）の友達の親戚の女性だった。自己紹介から始まり、いろいろ話していくうちに彼女は「農業をしたくて酪農学園大学に入ったが、いい相手に巡り会えなかった」と言うではないか。私はそのことを聞くや即座に結婚を決意したが、あまりに性急すぎると思い散歩に誘い出した。比叡山の根本中堂近くの塔頭での雨宿り中にプロポーズし、オーケーをもらった。彼女が農業志望であったとは長兄たちも露知らず、縁とはなんとも不思議かつおもしろいものだと思った次第である。

結納、結婚式、妻の両親がプレゼントしてくれた新婚旅行が慌ただしく過ぎ、戻ってくると地区のみなさんが集会所として利用している建物に入居させて頂けることになった。結婚することを知った森谷さんや地区の人たちが、廃校跡地の集会所を住所不定の私たちに快く住居として提供してくれたのだ。木造の古びた旧教員住宅であったが、きれいに掃除し、カーテンまで新品にして受け入れて頂いた。自分たちは旧体育館を集会所にしてまでも、私たちを迎え入れてくれたのである。理由は、この地区で独立してくれることを期待してのことだったと後日知ったが、結果は隣り地区での独立となり大変申し訳なく思うと同時に今も思い出すと心が痛む。私たちはみなさんの厚意が嬉しくて婚姻届を役場に出すとき、住所だけでなく本籍地までもこの集会所にすることを申し出た。窓口の担当者は「そこは町有地ですから本籍は駄目です」と突っぱねたが、粘りに粘って説得して了解を得た。全国広しといえども公共の土地を本籍にした例はまずないのではないかと思っている。

さっそく一頭の搾乳牛を買い、京都の知人に肉牛一〇頭の預託をお願いし、高齢になり酪農をやめた半谷《はんがい》馨《かおる》さんの牛舎を借りて新婚生活は始まった。妻は両親から送られてくる乾麺をいろいろ工夫して料理し、生活のやりくりをしてくれた。月の生活費は実習時代と同じ三万円で済ませ、貯金までしてくれた。奨学金の返済もやってくれ、いまだに「大学を出してあげたのは私」と言って憚らない。「一人かまどは立たないが、二人かまどは立つ」とはこのことで、昔の人はよく言ったものである。周囲のみなさんの身にあまる厚意で新生活が始まると、町内三カ所の離農跡地の話が再燃してきた。いずれも甲乙つけがたかったが、街から近いこと、施設が残っていること、面積も十分ということで現在地萌和に絞り込んだ。

問題は資金であった。さっそく農協に行き組合長に事情を話し、資金の融資をお願いしたが、はじめて会う男に図々しく振舞われて面食らった様子であった。私は何を言っていいかわからず、最後に「私の意欲を担保にしてください」と懇願すると、両腕を組んだましばらく沈黙し、おもむろに太い眉毛をピクリと動かし「わかった。専決事項として農地取得資金四〇〇万円、未墾地取得資金一〇〇万円、計五〇〇万円を融資しよう。もちろん農地は担保に頂く」と力強く言われた。私は「やった!」と心の中で快哉を叫び、「ありがとうございます」と深々と頭を下げた。お互い事務所のカウンター越しに立ったままだったが、そのときの情景は今でも鮮明に残っている。若いときのエネルギーはすさまじいと思うが、以降何度かこのときに酷似した体験をすることになる。

## 3　就　農

### いよいよ営農

土地の取得が決定すると、さっそく離農する売り手の農作業機や道具類のセリが行われることになった。雪で作ったセリ台に近所の人が上り、大きな声でセリを進めていく。これは当時離農が進む各地で行われた習慣であった。寂しい光景ではあるが、離農する人の不必要なものが合理的に処分されたたし、販売金はもちろん売り手に満額渡された。私はリヤカーを三〇〇〇円でセリ落とした。これは実験農場で最初に購入したのが一輪車(ネコ)でたいへん重宝した経験からである。

雪解けも進んだ四月、引越しをすることになった。当日、森谷さんはじめ地区の大勢の人に集まって頂き、彼のトラックで家財道具、といってもすべて妻の嫁入り道具であったが、それらを積み込んで出発することになった。すると森谷さんの母親が「片岡さん、向こうに行ったら昼になるので手伝ってくれた人たちと一緒に食べなさい」とたくさんのおにぎりが入ったバットを差し出してくれた。私はなんと心優しく思いの行き届いた人だと感激し、地区のみなさんの期待に応えられなかった自分を再び責めた。

一九七一年四月、みなさんの協力を頂き家財道具を古い住宅に運び込み、就農の第一歩が刻まれた。身分不相応の家財道具に神さまもさぞや驚かれたことだろうが、そんなことは露知らず、搾乳牛一頭、肥育牛一〇頭の牧場生活が始まった。土地は二七・八ヘクタール、手作りのタワーサイロ二基、搾乳牛一五頭飼育できる牛舎、馬四頭飼育できる馬小屋、小さな物置、それに古い住宅がすべてであった。

動くものは妻持参の乗用車とリヤカーというなかで始まった生活だったが、農協と取引ができない限り営農はできない。毎日の生活費から飼料代、資材費などの融資は地区ごとにある農事組合の連帯保証を受けなければならなかった。私たちには評価できる資産は土地と乳牛一頭しかなかったから負債率は農事組合の規定以上になり、とても連帯保証を受ける資格はなかったが、何回かの協議の結果ここでも特認の形で認めて頂いた。喜びの反面、他にも負債率オーバーで連帯保証を外された人たちが再度のチャンスを待って在住されており、複雑な気持ちのなかで農協組合員になることができた。

組合員にはなれたがこれからはすべて農事組合の承認のもとで取引しなければならない。

図2　トラクター「フォード2000」

まず最初のハードルはトラクターの導入であったが、これもみなさんの配慮を頂き、「フォード二〇〇〇」という三九馬力の新車購入が認められた。このトラクターは一度エンジンのオーバーホールをしたが、四〇数年経った今も現役で牧草の反転・集草にがんばってくれている。

搾乳牛六頭の導入も認められ、毎日ミルカー（ウシの乳を搾るための機器）で絞り日銭を稼いだ。また、秋には現金収入になるからと農協に勧められ、ビート栽培も始めた。移植する苗はすでに他で予約済みだったので、当時珍しかった種を直播きすることにした。畑は秋起こししてあるようにみえたが、ディスクハロー（耕起した土を砕土する機械）で畑表面をならしただけだった。現在なら不耕起栽培とやらで話題になるかもしれないが、現実は甘くなく秋の収穫期には反収〇・九トンという町内最低記録を作ってしまった。しかし数年後には反収ゼロの人も出て、あえなく記録は破られてしまった。これは離農するため管理不十分で雑草だらけになり、収穫を放棄されたからである。「記録は破られる」とは世のつねで、ほろ苦い経験である。

**火事**

曲がりなりにも夢と希望に満ちた滑り出しであったが「好事魔多し」で一九七二年七月、失火により住宅を全焼してしまった。その日は住宅から少し離れた畑で妻と乾草作りをしていたのだが、帰ってくると住宅から火柱が立っているではないか。なかには生後一年の長男がいたが、住宅横で物置きを作ってくれていた近所の大沢武氏・神野喜吉氏・実習生の柴田研二君が助け出してくれていた。私は茫然自失のなか、車で三〇分ほど走り回った。とても家が燃えさかる状況を見ることができず、とっさに飛び出したのだ。帰ってみると鎮火して跡地は真っ平になり、消防署の人たちが忙しく後始末をされていた。しばらくして現場検証も終わり、彼らに挨拶することになった。私は「相撲をやっていたので裸には慣れています。またやり直しますので、よろしくお願いします。ありがとうございました」とお礼を言った。

そのとき居合わせた地区の人たちは、私たちが営農を諦めて京都に帰るだろうと思い農地の処分をどうするか考えていたのに予想が外れてびっくりしたと、だいぶ後から聞いた。どうも私は馬鹿というか楽天的というか、普通の尺度では測れない一面があるようだ。それにしてもこの一件は身分不相応な嫁入り道具を頂いた私に、神さまはやはり「調子に乗るな！　ただし子供の命は保証する」と釘をさされたのだと思い、自戒し今に至っている。

当面の住宅は建設中の掘っ立て物置きになり、大沢氏を中心に地区の人たちの協力を得て、瞬く間に台所、トイレ、五右衛門風呂ができあがった。冬を越すには厳しすぎるのですぐ近所にあった古い家屋を解体して住宅にすることになった。このときも地区の人たちが連日出向いて作業をしてくださり、一一月末には今も住んでいる住宅が完成した。いずれは新築をと思い極力金をかけなかったので、まさに仮住居である。このように地域の人たちの相互扶助の精神は冠婚葬祭だけでなく現在でもいろんな場面でみられ、農村社会のよき習慣であり、文化と思っている。新居で迎えた新年はまさに輝いていた。

当時は田中角栄内閣の「日本列島改造論」（国土を高速道路網で結び地方の工業化を図り、

過疎・過密問題と公害問題を同時に解決する）が全国津々浦々に行きわたり、私の農地も約二〇倍に地価評価額がはね上がった。五〇〇〇万円で買った農地が一億円になったのだ。こうなれば負債率も低くなり、少しずつ牛舎の改造や機械類の購入ができるようになった。大工仕事は大沢氏や神野氏らに助けて頂き、一緒にやっていくうちに覚えていった。とくに大沢氏は近所の酪農家だが生来の器用さで物置きや牛舎は言うにおよばず、住宅まで作る技術をお持ちで、私は敬意を込めて棟梁と呼び九三歳で亡くなるまで我が牧場のすべての建物建設に携わって頂いた。その彼は普段より「大工っ気と泥棒っ気のないやつはいない」と口癖のように言っておられたが、それが本当になり私は一端の素人大工になっていた。

## 肥育試験を請けおう

そんな折、ホクレン（北海道農業協同組合連合会）の大町一郎氏から、コーヒーメーカーN社が当時肉牛として注目を集めだしていた乳用雄子牛の哺育・育成・肥育の試験をやることになったがその試験をやってみないか、というお誘いを頂いた。五〇〇〇万円の試験費で一〇〇頭を二四カ月間飼育するというのだ。ユニークだったのは飼育期間中、二回夏季放牧することだった。枝肉相場から収支計算するとかなり利益の出ることが予想され、私は喜んで受け入れた。計画と指導は北大の小竹森先生で、自らの研究テーマである「二シーズン放牧肥育」の実証試験を兼ねていた。先生は札幌からわざわざ当場まで来られ、哺育ミルクの作り方から飲ませ方まで丁寧に指導してくださった。粉ミルクの攪拌棒は針金を束ねて作り、できあいを購入するのではなく自分で作れるものは自分で作ってコスト削減を図るという基本的なことまで細々と教えられた。

試験牛の他にも個人導入で乳用雄子牛を哺育し、頭数を増やしていった。妻は長男を段ボール箱に入れ、牛舎の目の届く所に置き哺育の仕事をかいがいしくやってくれた。試験期間中一番困ったのは、放牧中のウシが脱走して近所のビート畑や豆畑を走り回り迷惑をかけたことである。昼間なら脱走牛はすぐに戻すことができるが、夜にやられると明け方までわからず地区内を一周して家庭菜園まで踏み荒らすわ、刈り取った豆のニオ山（乾燥させるため積みあげたもの）を崩すわの狼藉を働いた。その現場をみるたびに「二度とやってはいけない」と何度も思わされた。今でも夜遅く電話が来ると「スワ！　脱走か！」と悪夢がよみがえるほどトラウマになっている。

三年間にわたる試験が終わり収支計算をした結果、わずか三万円のプラスに終わった。しかし乳用雄子牛多頭化の道筋をつけて頂いたと感謝している。その後、大町氏とは密接なつながりのもと「乳用雄子牛の飼養技術」開発の協力をさせて頂くことになる。

## オイルショック

一九七三年から七四年にかけて起きたオイルショックは、原料（飼料）高の製品（枝肉）安という大波をかぶることになり、なんと二七〇〇万円という大赤字を作ってしまった。全国では数名の肉牛農家の自殺者が出たが、私たちは国の緊急支援対策でなんとか切り抜けることができた。しかし、この負債の固定化は以後ずっと経営を苦しめることになった。この結果を踏まえ、配合飼料の九〇パーセントを外国に依存していることを基本的に変えなければ駄目だと考えた。そのための自給飼料として栄養とカロリーの面で一番相応しい飼料用トウモロコシの栽培、利用にたどり着いた。

これはサイレージ（サイロ内で発酵させた飼料）として給与するのだが、貯蔵するサイロはタワーサイロでは利用しがたく、水平型のバンカーサイロが妥当と結論した。しかし建設費がない。そのころは農事組合の連帯保証制度から農協との直接取引に移行していたので、融資担当者に相談し、総合施設資金を借り入れる準備に取りかかった。連日、担当者と借入計画を練り、農林漁業金融公庫に無事借入申請書を提出したが、返答は「融資不

図3 当時は珍しい屋根付きバンカーサイロ
粉砕したデントコーンを重機で鎮圧し嫌気発酵させる。

可」であった。失意のどん底に落ち担当者とヤケ酒を飲んだが、一週間後再び公庫より呼び出され「融資許可」となった。理由はたまたま札幌本店から帯広支店に来ていた上司が私の借入申請書に目を通し、オーケーとなったそうだ。私と農協担当者は一三〇〇〇万円の融資決定に欣喜雀躍し、日中なのに帯広の飲食店で祝杯のビールを飲み、表通りで土俵入りをした。馬鹿な男のパフォーマンスに人の輪ができたが、そのなかに私たちの取り組みに批判的だった農協の上司がいたことは皮肉であった。

資金の使途はバンカーサイロ六〇〇〇万円、トラクター二七〇〇万円、牛舎二棟（四〇坪×二）三〇〇〇万円、鉄骨D型ハウス一棟（六〇坪）九〇万円、牧柵三〇〇本四〇万円で、牧場の基幹となる準備ができた。それにしても私の気持ちを理解し協力してくれた農協職員の方にはとても感謝しており、今もお付き合い頂いている。

デントコーン（飼料用のトウモロコシ）サイレージを配合飼料代の節減にする考えはよかったが、いろいろ問題が出てきた。まず一つはデントコーンサイレージは配合飼料よりも約五倍水分が多いことで、五〇〇トンのバンカーサイロを一杯にしても一〇〇トンの配合飼料分しか価値のないこと（ちょっと荒っぽい理屈だが）。二つは二〇ヘクタール少々の畑で毎年一〇ヘクタールずつ作付けしたら、たちまち連作しなければならず、その障害（連作障害）が出てくること。三つは種子代・肥料代・作業費などの経費がかかりすぎ、生産コストが非常に高くなること。それなら手っ取り早く輸入配合飼料を使用した方が効率的ではと妥協してしまった。しかしこの葛藤はずっと続き、いろんな試みの源となった。結局デントコーンサイレージ作りは三年でやめた。牧草サイレージ貯蔵施設としてバンカーサイロの方は現在も活躍している。

## 循環農法との出会い

配合飼料代節減問題が頭から離れないある日、畜産専門誌で「四次元農法」なる言葉に接し、私は触発された。この農法は牛糞を米糠やふすま（小麦の皮）などとともに発酵させ飼料として再びウシに与えるという「循環農法」なのだ。その根拠となるのは飼料の栄養分の約七割は未吸収で排泄されるのでそれを再利用しようというのだ。農業新聞でも紹介されるようになり先進事例の静岡県下田市まで飛んで行った。山あいの件の牧場は昼間でも薄暗く、密飼い（狭い所に多数入れられている）状態で詳しくは観察できなかったが、なんとも新鮮な取り組みに思われ興奮状態に陥った。その足で札幌に飛び、当時畜産学の大御所であった北大の広瀬可恒《よしつね》先生を訪ねた。訪問の主旨を申し上げると言下に「しょせん糞は排泄物です。私も軍馬の牧場で同じ実験をやったが効果はなかった」と冷徹な声で言い放たれた。

この時点で私も冷静になり断念しておけばよかったが「ウマでは効果がなかったかもしれないが、ウシは違うだろう」とタカをくくり突っ走った。さっそく帯広市の知り合いの鉄工所に機械製作を依頼し、約五〇〇万円でできあがった。五〇坪の鉄骨D型ハウスの中に設置し稼動させることになった。直径二メートル、長さ五メートルの円筒状のドラムを横にし、一方からバーナーで加熱し牛糞の水分を下げ、米糠・ふすま・発酵菌を加えて発酵させるのである。入手できる粕類を片っ端から購入し、栄養計算をし、混合発酵飼料として給与することになった。ウシは喜んで食べてくれるが注意しなければならないことがあった。それは餌の内容を頻繁に変えてはならないから、基本になる粕類を大量にコンスタントに確保しなければならなかった。私は米糠・ふすま・グルテンフィード・澱粉粕をメインにし、後はスポットで入手し利用した。

結婚して間もないころ、妻の父から「つとめているビール会社が北海道に新工場を作ることになったが、ビール粕を扱わないか」と、いい情報を頂いたが私には無理と断った経緯がある。もし、あのとき岳父の勧めを受けていたら発酵飼料の主原料にもなりえただろうし、ビール粕そのものを販売しても相当な利益があったはずで、先見性のなさと金に縁遠い私は馬鹿であった。いまだに妻にはこのことで愚痴られている。敷ワラも牛糞と一緒に餌となるので雑木のオガ屑を利用することにし、週に二、三度帯広の木材会社まで四トンダンプで通い、入手した。手作業での積み込み一時間を入れると往復三時間。よくやったものだと思う。飼料製造も全部私がやり五年間がんばったが、どうも肥育効果が改善できず、やめることにした。収支はトントンであったが折からの上げ潮経済に乗れなかったのは残念だった。広瀬先生の言葉が蘇ったが、馬鹿は死ななきゃ治らないと痛感した次第である。

### 食品残渣の飼料化への試み

牛糞発酵飼料断念後も飼料費節減のために利用できる食品残渣物はなんでも利用を試みた。大樹町はダイコン栽培が盛んだが、選果場でふるいにかけられた傷ついたもの、短いもの、溝の入ったものなどはすべて堆肥にされていることを知り、それらを一手に繁殖用和牛に与えることにした。夏の収穫期に連日大型ダンプで運ばれてくるダイコンをウシたちはバリバリと実においしそうに食べる。人間からすればあんなに辛いものをよくもまあ食べるものだと呆れるかもしれないが、ウシにとっては大好物なのだ。ニンジンも大好物である。これはカロティンが豊富で不妊のウシが食べると効果てき面。いっせいに発情がきて人工授精が可能になる。カボチャの種子（通称ワタ）も大好物で、これもニンジンと同じ効果がある。ある年、屋外の堆肥置き場に大量のカボチャができ、収穫したところ一〇〇個以上採れた。それは以前に食べたカボチャのワタがそのまま排泄されて芽を出し、実になったのだ。これを割らずにそのまま与えると実に上手にかじって食べる。もちろん発情も確実にきた。これが本当の「循環農法」である。十勝地方は馬鈴薯栽培が盛んで、澱粉用のものもたくさん作られている。澱粉を取った後の粕は乾燥して一部流通しているが、大半は生のまま放置され処分される。以前は冬の飼料として利用されていたが、栄養的に劣るのと搾乳牛の糞便が下痢状態になるので嫌われて利用されなくなった。私はずっとこれをサイレージとして年間三〇〇〜五〇〇トンを繁殖牛に与えている。繁殖牛にとっては少々栄養価が低かろうが下痢になろうが、なんら困ることはないからだ。ただし肥育牛には栄養価が低すぎるし、カボチャやニンジンは皮下脂肪を黄色くして枝肉評価を下げるので給与しない。輸入トウモロコシが過去に何度も高騰したが、これは不作もあるが投機的に買い占められたり、バイオガス燃料にまわされたりしたからで、輸入に依存しない方策を講ずることはつねに肝要であると思っている。

## 4　発展と試みの時代

### 乳用雄子牛の多頭化

N社の試験以降、ホクレンの大町氏との連携はより密になり、乳用雄子牛の多頭化に向けて飼育・管理技術の試験や開発に積極的に取り組んでいった。乳用雄子牛の飼育は酪農王国北海道において、肉資源として不可欠であるという認識と生産者としての新産業創出の意欲が合致したと言っていいだろう。当時は乳牛の雌は搾乳牛として重宝されたが、雄はなんら意義の見出されないまま葬り去られていたのである。日本では新分野のため先進地のアメリカより担当の教授たちが入れ替わり立ち替わり来道し、技術の講習や現地指導をしてくれるようになった。畳半分ほどのカーフハッチ（子牛の哺育小屋）はコンパネで大沢棟梁と一〇〇基以上作った。今ではＦＲＰ（繊維強化プラスチック）製のものが販売され木製のものは珍しくなったが、当時は共同通信社の写真報道で大々的に取り上げられた

図４　木製（上）とFRP製（下）のカーフハッチ

ものだ。

また、去勢器はバルザック社製のものが主流であったが彼らは陰のうを切って睾丸を摘出する方法を教えてくれた。この方法だと一〇〇パーセント去勢ミスがなく、良質の肉牛に仕上がる。去勢器だとどうしても精管の挫滅が不十分で雄ホルモンの影響を受け肉質が劣るというのである。ある教授からは、私の牧場の牛群の頭をみて「頭髪が巻いているから、これらは去勢不十分で雄ホルモンの影響を受けている」と指摘され、舌を巻いた。三割は去勢不十分とわかり、以降、睾丸を摘出する観血去勢法に切り換えた。今では一分間で一頭は軽く去勢できるようになっている。

ところで当時は肥育促進ホルモン剤シノベックスの使用が推奨され、ほとんどの生産者が利用していた。これは雌牛より抽出した性ホルモンで、安全性が高いと言われていた。私は大学卒業論文で国産の肥育促進ホルモン剤の試験をしたが、製造現場で従業員の健康被害が出て急遽製造中止となった経緯を知っていた。それで私も天然抽出のシノベックスなら安心と思い、使用したのだ。しかし、アメリカの支援牛肉をキューバの子供たちが食べたところ二次性徴が早まったりしたというニュースに接し、折から話題になっていた食肉の安全性からも看過できないと、即、使用を取りやめた。当時の飼養マニュアル書にはシノベックスの使用が示されているが、これも時代の流れの一つである。現在では国産牛肉の五割以上は乳用雄子牛といわれているが、私はやはり大学で学んだ黒毛和牛を忘れることができず、就農二年目に導入に踏み切り以降、乳用雄子牛と和牛の両方を飼養することになった。

## 黒毛和牛の導入

北海道の和牛は開拓農協（一九四八年、戦後引き揚げ者の就農支援のために作られた）の主たる政策の一つとして取り入れられた。北海道庁はそれを「和牛貸付制度」に移行し、各市町村を窓口にして振興を図っていた。つまり貸し付けをしてから五年後に元金のみ返還させるのだ。五年間に貸付牛である雌牛は三回以上は分娩するから、子牛販売は三回はできる。したがって元金の返還は楽にでき、生産基盤もできあがる。

しかし、本州から導入された和牛が広い北海道の原野に放たれると野性本能が蘇り見事に鹿のように敏捷なウシに変わってしまう。私が最初に貸し付けされた五頭もそういった「自然牛」の母から生まれた子牛ゆえ、蹴る・飛ぶはあたりまえであった。しかも父親はまき牛といって五、六〇頭の雌牛群に放たれた種雄牛で、血統は判明しているが産肉能力

図5　現在の和牛繁殖群

が優れているかはまったく不明であった。現在では種雄牛候補から生まれた子牛を肥育して産肉能力を検定し、優秀なものを種雄牛として精液を採取、冷凍して人工授精に用いる。この繰り返しをすることで、良牛を生産する方法が確立されているが、当時はまき牛方式があたりまえであった。いわゆる春に雌牛を共同放牧地に入牧させまき牛で種付けした後、秋に下牧、牛舎で分娩させる夏山冬里方式である。

　春先に入牧させるときはトラックから放牧地に放すだけで済むが、下牧のときや真夏の健康チェック作業は大変だった。健康チェックは所有者全員が参加して広い放牧地から牛群を一カ所に集め、一頭一頭、首から下げた番号札や毛刈りされた腹の番号で個体確認したり去勢したりするのだが、まるでシカのように敏捷なウシたちは高さ二メートルほどの丸太の追い込み柵を軽々と飛び越え走り去るのである。そのたびに追いかけて元に戻そうとするが、急な斜面をいとも簡単に逃げる。その後を追いかける労力は半端でなく、若いからできたことだった。秋の下牧のときもたいへん苦労し捕まえ、連れ帰った。後日、開催される市場にはモクシというウシの轡《くつわ》をかけられた子牛たちがセリに出されるが、そんなものかけられたことがないので猛烈に暴れ、ときには振り切って逃走する。売り主にとっても買い主にとってもたいへん疲れる一日であった。

この喧噪が終わると、十勝には長い冬が待っていた。今や当場での和牛繁殖牛は二〇〇頭を越え、ウシ生産の柱としてがんばってくれており、乳用雄子牛はわずか数十頭である。和牛の肉質、いわゆるサシ入りは世界一であり、今話題のTPP問題にも十分太刀打ちできると確信している。

### 堆肥盤に屋根かけ

飼養頭数が増えるにしたがい糞の排出量が一日に一〇トンを越えるようになり、牧草地に野積みするだけではどんどん牧草地が減っていくので、一九七九年に北海道の堆肥盤建設補助事業で一〇〇〇平方メートルの堆肥盤を作ることになった。将来的には三〇〇〇平方メートルは必要と思って申請したが、そんな面積は必要ないと却下され、一〇〇〇平方メートルに落ち着いたのだ。

図６　堆肥盤にかけた屋根

平面だけの堆肥盤では糞が大雨で流されるから、コの字型に高さ一メートルの側壁をつけることを要望し、これは了承してもらった。完成した堆肥盤に大量の糞が堆積されたある夜、大雨が降った。朝みると糞はきれいに外に流され、堆肥盤は空っぽで敷地内は糞で埋めつくされていた。足のくるぶしが埋まるほどで歩くこともままならず、臭いも半端ではない。敷料がオガ屑だからなおのこと流動化しやすいのだ。なんとかタイヤショベルで片づけたが、そのときの疲労、脱力感は大きかった。こんな嫌な思いを二度も体験すると対策を講ぜざるをえなくなった。まず頭に浮かんだのはビニールシートを全面にかけることだった。

さっそく業者に一〇〇〇平方メートルのビニールシートを発注した。数日後、製品を持ってきてくれたが人の手で扱える重さではなく、ユニック（クレーンを装備したトラック）で下ろして帰っていった。当然そんな重いものを私の手で堆肥盤にかけることなぞまったくできず、それ以降一回も開かれることなく物置きに放置されボロボロになってしまい、約一〇万円の代金は露のごとく消えてしまった。

この手痛い体験から、その場しのぎでない根本的な解決策をと考え、屋根をかけることにした。業者と交渉したが値段に大きな差異があり、最終的に六四〇万円で牛糞発酵機械を作ってくれた業者に委ねることにした。建設費は制度資金で対応できないかと農協に当たったが、「堆肥盤に屋根をかけるなんて馬鹿な！」と一笑に付された。当時、牛糞は野積みがあたりまえだったのだ。悩んだ末クミカン（組合員勘定という北海道独自の営農資金融資方式）で年末に決済することにした。かくして工事は順調に進み、一九八一秋には見事な屋根が完成した。今でこそ糞尿処理は「家畜排泄物法」なる法律で取り締まられ「屋根付きのコンクリート堆肥舎」設置が畜産農家に義務づけられているから補助事業や制度資金利用は容易であるが、当時から考えると隔世の感がある。

## 全国からの実習生受け入れ

一九七九年四月号の「暮しの手帖」に当牧場が紹介され、それを見た若者たちが全国から実習生として来場するようになった。それまでは京大生が主だったが、高校生や農学部以外の学生たちが来ると様相はガラリと変わった。同じ大学だと相手にそれほど興味を持たないが、各学校から来ると新鮮な感じがするのか夜を徹して話し合い、交流が持たれた。同じ屋根の下にいるからうるさくて「早く寝ろ！」と怒鳴ったことは一度や二度ではなかった。仕事が一段落ついたときや雨の日は彼らを近くの海岸温泉や沼のシジミ取り、地元名物の「赤門」のラーメンまで連れていった。夜は庭で安い牛心臓や自家産牛肉で焼肉パーティーをし、各自一回はこれらの体験ができるように心がけた。食事は妻と実習生が当番制で作り、三度キチンと腹一杯食べられるようにつとめた。今でも広い台所には大きな「土方鍋」がぶら下がっている。元実習生が社会人となり再来したとき、必ず私のことより妻の思い出を語るが、それも「腹一杯食べた」印象が強いからと思っている。腹一杯の根っこには前述の九州での実習体験が大きく存在する。洗濯も極力まとめて当番制でやり、経費節減を図った。風呂は原則、五右衛門風呂で薪割りから焚きつけまですべて彼らにやらせた。薪割り・風呂焚き・入浴などすべて初体験の者ばかりで、なかには釜の底に敷く板が釜のなかに浮いているのがなぜかわからず、外に出して入ったところ足が釜底に直接当たり、「熱い！」と飛び出してきた弥次さん喜多さんのような学生もいた。夏期間はつねに一〇名以上居住したが、最大は四六名という記録もあった。

## 農業の教育力

こんな環境下であるから当然、友人・恋愛関係はできやすく、今に至るもグループ交際を継続したり、縁あって結婚したカップルは五組にのぼる。なかでも印象に残る実習生を三人紹介したい。

一人は女性である悩み事から服毒自殺を図ったが死に切れず、今度は襟裳岬から投身しようと当場を再訪した。そんなこととは露知らず、夕食後いろいろ話し合っているうち実習生の男子学生が彼女を外に連れ出し、カーフハッチの子牛に彼女の指を吸わせた。子牛は人の指を乳首と思って簡単に吸いつく。彼女はその吸引力の強さに思わず生命力の強さを感じ、我に返って自殺を断念したという。以後一年間当場で実習後、就職、結婚し幸せな家庭生活を送っている。

もう一人、K君は国立大学法学部の出身ながら姉から当場での実習体験を聞き来場。実習するうち農業に生きがいを感じ、今では嫁さんともども、果樹園を経営している。

三人目のM君は仙台より高校二年生で受験競争に疑問を持ち来場し、当場に就職したいと言った。就職話は保留にし実習が始まった。連日の激しい労働を苦もなくこなし、みるみるうちに筋骨隆々の身体になっていった。しかし、大学生の実習生たちと話し合ううちに大学進学の必要性を感じ取り、一年後に復学。母親が退学届を保留し休学扱いになっていたため復学できたのだ。勉学の傍ら生徒会活動にも専念し、東北地区生徒会連合会まで作り上げてしまった。そして一年後には現役で京大文学部入学を果たした。今では高校の教師になり、生徒の指導、教育に専念している。

この他にも非農家出身ながら新規就農した者は三名いるが、厳しい状況のなか立派な経営をし、地域のリーダーにもなっている。今まで一〇〇〇人以上の実習生を受け入れてきたが、私はつねに「ここは諸君に勉強の場を提供しているので、私がどうのこうのと教えはしない。ただし聞かれたら知っている限り答えたい。自ら自覚して体得していってほしい」と言っている。農業の現場には教育力、生命力などの力が潜んでいて、これらが若者の心に響いたときに大きな影響を与えると思っている。農業経営はまさに総合大学であり、偏っては駄目で、バランスよく機能することが必要と思う。全国各地、各方面で活躍している彼らこそ、私たちの財産である。

## 5　ヒット商品の誕生、法人化

### 牛肉の輸入自由化と対処

一九八九年には牧場にとって大きな試練が襲来した。それはアメリカ産牛肉の輸入自由化である。以前から自由化問題はくすぶっており、その対処法を漠然とは考えていた。一つは味での勝負である。牛肉の前にはオレンジ・サクランボで自由化され、いずれも品種改良などの努力で品質が向上し勝ち残ってきた。その例に倣って肉質世界一の黒毛和牛生産に絞れば勝ち残れる可能性は高い。もう一つは飼育しているウシを自ら加工して付加価値をつけることである。これは大学在学中から恩師上坂先生から「片岡君、肉牛牧場だけでは経営は厳しいから肉屋になりスキヤキ屋をやりなさい。広島でそれを実践している人がいるから紹介してもいいですよ」とアドバイスして頂いたことが思い出されたのだ。

思案の末、私たちは後者、上坂先生の教えに決定した。決めたはいいが牛肉加工・販売への新規参入は非常に厳しいことや、加工場の建設資金や加工技術はどう習得するかが大きくたちはだかった。迷っているある夜、帯広で酒を飲み、帰ろうとタクシーに乗ると運転手が「片岡さんじゃないですか」と声をかけるではないか。誰かとよくみれば昔行きつけだったスナックのマスターだった。「いやー、久しぶり。どうして運転手を」と聞くと、「店を閉めてハンバーグの製造・販売をしていますが、厳しいのでバイトで運転手をしています」との返事。私は「これだ！」と直感し、すぐに「私の牛肉でハンバーグを作ってくれますか」と尋ねると即座に「喜んでやらせてもらいます」との返事。私はこの方法なら大きなリスクもなく新規参入できると思い、彼の工場で自家産牛肉一〇〇パーセントのハンバーグを作って頂くことにし、住宅の横に小さな丸太小屋の販売所を建て、保健所の許可を取った。一九八九年七月のことである。チラシでPRすると各方面から注目され、ボツボツと売れるようになった。なかでも私が所属する中小企業家同友会帯広支部の落合洋社長が経営されるスーパーのイベントに呼んで頂き、二日間で五〇〇個を売り上げたことは大きな自信になった。ここでも人と人とのつながりの大切さを実感した。

### 自家製への試み

しかし一年、二年と経つにつれ、このままでいいのかという疑問が湧き上がってきた。

一点は肉の部位は主にモモ肉で、残りのロースやバラ肉はホクレンに買ってもらうが、買い取り価格が安いということ。二点は味つけは企業秘密ということで教えてくれず、これではあまりに主体性がないということ。考え抜いた末、妻は納得できる味つけレシピに辿りついた。豚骨、鶏ガラ、シイタケ、昆布、鰹節など一〇種類以上の原材料を一昼夜煮込み、その抽出成分をブイヨンとしてハンバーグの味つけにしたのだ。以降、ブイヨンは牛丼、コロッケなどにも入れるようになった。また、食の安全面から着色・防腐・粘着剤の他、化学調味料も使わないことにした。

レシピ完成後、間もなく委託先は廃業となった。もう私たちだけで加工・販売しなければならなくなってしまった。妻と相談すると老後のためにと貯めたヘソクリ九〇〇万円があるからこれを使おうと言うではないか。以前本棚に隠してあった一〇〇万円のヘソクリを見つけたときも驚いたが、今回はその比ではなかった。どうりで「実習生がよく食べるので生活費が足りない」と泣きつかれ、その都度補っていたことを思い出した。私もさっそく生命保険を解約したりして五〇〇万円ほど調達し、加工場建設に乗り出した。業者は地元で一番安くしかも信頼できる佐藤建設に決め、内部設計図は妻自身が作業しやすいように書いた。投資額が大きいだけでなく妻の意欲が勝ったため以後の運営などすべて妻主導となった。調理器具は取引している建設機械会社が初の試みとしてリースしてくれることになった。

加工技術はいまさら食肉学校へ通っても間に合わない。どうしたものかと思案していたら、しばらく疎遠になっていたホクレンの大町一郎氏のことが思い出された。彼はウシの飼育・管理技術だけでなく牛肉のカットにも詳しいと知っていたのだ。連絡を取ると快く応じて頂いた。

さらに加工技術をマスターするだけでなく牛肉本来のおいしさを出す方法はないものかと思案していると、故郷福知山の精肉店が思い出された。その店のショーケースには白い脂肪に覆われた枯れ木のようなブロック肉が置いてあり、客が注文するとそれをスライスしてくれた。枝肉は奥の冷蔵庫に吊るしてあった。いわゆるドライエイジング（熟成）させていたのだ。父子家庭で貧乏ではあったが、父は二カ月に一度はその精肉店の牛肉を買い求め、スキヤキにして食べさせてくれた。そして「牛肉は真っ赤なものはおいしくない。この肉のように少し枯れてくすんだようなものがおいしい」というのが口癖であった。確かにその精肉店は店全体に独特の牛肉の臭いが漂っていたし、それをスキヤキにすると近所中に流れ、よく「昨日はスキヤキやったね」と友達から羨ましがられたものである。

図７　牛肉加工場と移動食堂車

その後、大学で熟成についても学んだが、故郷の精肉店のような熟成ができるかと悩み、思い切って帯広畜産大の三上正幸教授を訪れた。すると「ドライエイジングの他に真空パックでも熟成は可能です。なんなら試験をしましょうか」と暖かい助言を頂いた。さっそくモモブロック肉を持参し、試験してもらった。その結果、と畜後五日目、四〇日目、一〇〇日目のアミノ酸組成値のデータができあがった。当然時間が経つにつれアミノ酸組成値は上がる。しかし一〇〇日目となると実に美味だが強烈な乳酸臭でとても販売には向かないとわかり、四〇日間熟成肉を採用することにした。旨味成分のグルタミン酸が、と畜五日目に比べて約三・五倍も高くなり乳酸臭もなく試食しても好評だったので、今では「熟成四〇日間牛肉」をウリにしている。日本人の発酵食品技術は日本酒・味噌・納豆などの他に食肉にも生かされているのである。

### 六次産業化始動

かくして加工場は完成し、一九九二年一二月一〇日、落成式を迎えた。当日はあいにく雪が降る寒い日だったが、お世話になった方々をお招きし、焼肉を振る舞った。翌日から五日間、妻は大町氏から各部位の特徴からスライスの仕方まで教えて頂き、いよいよ精肉店のオープンとなった。当日、工場の外に出てみると、チラシをみたお客さんの長い車列が五〇〇メートルは続いているではないか。驚きで胸が高鳴り、足が震えたが私は腹を決めてステーキのカットを始めた。無我夢中だったからスジに平行に切ったか直角に切ったか判然としない。出鱈目が許されたことに対し、申し訳ないと今でも思っている。初日の賑わいはすぐに平静に戻ったが、新聞・テレビ・雑誌などの取材報道は頻繁になった。

来店者が増加するにつれて食事もしたいという要望が増え、飲食店もやらざるをえなくなった。工事現場のプレハブを購入・改造して「焼肉小屋」に、ビニールハウスを「焼肉ハウス」にして製造からサービス業までやることになった。現在の六次産業化を二〇年前にやったのである。牛飼いがここまでやるとますます話題になり、製品も牛丼、コロッケ、メンチカツ、精肉など増加していった。本州のデパートからも物産展にと声がかかったが思ったほど売り上げは伸びず、妻は新たな商品の開発を考えざるをえなくなった。思案の末、辿り着いたのが「ビフトロ」であった。「牛とろ」は先行していたから形状と名前を変える必要があり、ビーフのトロで「ビフトロ」とし、形状は冷凍の薄板状にした。

そして販路をどう開拓するか迷っているとき、東京ビッグサイトで開催されるフーディクスジャパンという日本で最大級の食品展示商談会があることを知り、十勝ブースの一角に妻とともに参加した。ビフトロを小さく切り分け試食してもらっていると、たちまち列ができ「これはいける！」とか「おもしろい！」といったバイヤーたちの声が聞かれ始めた。私は「これは真似されたら大変だ。登録しなければ」と直感し、その場で知り合いの弁理士に電話した。「今、ビフトロの試食、商談中なのですが評判がいいので商標登録したいんですが」と訴え、製造過程から商品名の由来をあらかた話し特許庁へ申請して頂くことになった。しかし、あっさり「ビストロ（居酒屋）と紛らわしいから駄目」と却下された。「そんな馬鹿な！」と思いつつ、先述のように「ビーフ」と「トロ」の合成語であることを強調し、ようやく商標登録の許可を得た。

図8　ビフトロ丼

バイヤーたちには評判がよかったが商談としては成立しなかった。しかし仲間たちとの共同経営の店、北の屋台「農屋《みのりや》」でビフトロ丼として提供すると若い人たちの間でたちまちのうちに評判となった。そんな折、グルメリポーターの彦摩呂さんが屋台村の取材に訪れ、偶然、ビフトロ丼を食べられた。その途端「おいしい！」と感激されテレビのグルメ番組で紹介して頂くことになった。今やビフトロは当場のヒット商品ナンバーワンと言っても過言ではない。

**経営の危機**

一方、経営面で一番こたえたのは一九九四年の農協による仮差し押さえである。年

図9　夢がいっぱい牧場の看板

の瀬も押し迫った一二月下旬の早朝、農協職員が大挙来場し「これから仮差し押さえをする」とウシを一頭ずつ捕えチェックして家畜車で運び出そうとした。私ははじめ何が起こったかまったくわからずウロウロするばかりだったが、冷静に言い分を聞くと腹が立ってきた。なんでもシートバランスが崩れたうえ「夜陰に乗じてウシを勝手に処分して夜逃げを図っている」と密告が入ったとのこと。シートバランスは農協が査定を厳しくしたためであり、ウシを真夜中に売却して夜逃げを図っているとはまったくのデマ、濡れ衣である。私は強く抗議してやっとその場を収め、彼らを帰らせた。その夜は悔しくて情けなくて、妻と抱き合い悔し涙に暮れた。すぐに大学時代の友人に電話すると「ちょっと待て。家内に代わるから」と奥さんにまわされた。聞くと奥さんは結婚してから独学で弁護士資格を取ったとのこと。私の説明を聞くや、「仮差し押さえは債権の保全ですから、すぐに強制執行するわけではありません。正月はゆっくり休んで、それからじっくり相手と話し合いをしてください。いつでもお手伝いしますよ」と心強い返事を頂き、私たちはなんとか新年を迎えた。

正月が終わると私はさっそく地元の知人に相談した。その結果、そのまた知人の二人から「今のお前たちをつぶすわけにはいかない。我々が保証人になるが条件として法人にして役員として入りたい」とのありがたくも力強い返事を頂いた。まさに「地獄に仏」であった。さっそく家族にこれから会社組織にするが名前はどうするかと諮《はか》ったところ小学四年生の娘が「夢いっぱい牧場」と即座に答えた。すると妻が即「夢いっぱい」では表現が弱いと我を通し「夢がいっぱい牧場」となった次第である。会社設立登記などすべて完了し、有限会社「夢がいっぱい牧場」となったのは一九九五年五月である。会社になるや会計士とも契約し、より合理的な経営ができるようになった。意欲と馬力で駆け抜けてきた牧場経営であったが、やはり計数管理は不可欠、重要であると同時に人の情けのありがたさを痛烈に感じた出来事であった。

## ヒトデ堆肥の誕生

牧場生活を続けていると当然地域住人の方たちとの関わりが想像以上に多くある。この関わりをいかに円滑に継続するかは大切なことである。町内会・ＰＴＡ・各種組合といった既存の組織の役員に始まり、自主的に参加・設立した帯広中小企業家同友会や産業クラスター研究会など多岐にわたる。あるときは何が本業なのかわからなくなるほど多忙を極めることがあった。さじ加減のできない私はつい力を入れすぎ、それが思った以上に評価されなかったり、逆にいいように利用されたりするケースが多々あり、自嘲しつつ今に至っている。

そんななかで印象に残る事例を紹介したい。大樹町は人口六〇〇〇人足らずの小さな町ながら漁港二つを抱える漁業の町でもある。主な漁はサケであるがカニやツブ貝、ホッキ貝、シシャモ漁も盛んである。なかでもカニやツブ貝は網ではなく籠に餌となるイカやイワシを入れて取る漁法なので、それを目当てにヒトデが入り込み混獲されてしまう。冬場が漁期で、多いときは五〇〇トン以上になるという。漁師にとってはヒトデはそんな海の幸を食いあさる憎き「海のギャング」なのだ。陸に上がったヒトデは一般廃棄物なので町が処理しなければならない。その処理代が一トンあたり一万円するが、処理業者はさらに五〇〇〇円アップを要求してきて困っていると、役場職員が私に嘆いたのは二〇〇〇年二月だった。私はとっさに「それならうちで引き受けましょう。牛糞を混ぜれば堆肥になるはずです」と言った。すると彼は「もし失敗したらどうするんですか」と聞くから「そしたら牧草地に穴を掘って埋めます」と答えた。すると彼は弱々しく「それは犯罪です」と言うからしばらく沈黙の末、「それじゃ、まず実験しましょう」と応じた。彼はなるほどと頷き、さっそく二〇キロのヒトデが入ったコンテナを届けてくれた。

私は普段から懇意にさせて頂いている帯広畜産大の美濃羊輔教授に電話で内容を話したところ「ヒトデは分解しにくいから、ミンチにしてから牛糞と混ぜればいいでしょう」とアドバイスを受けた。しかしミンチにする機械など持ち合わせがないし、ましてや包丁で切り刻むなんて手間だと、そのまま牛糞のなかにぶち込んだ。私のズボラな性格もあるが、牛糞が発酵・分解するときに八〇度くらいまで高温になることを知っていたので簡単にヒトデも分解されるだろうとタカをくくったのだ。三日後、覗き込むとなんと無数のコバエが群がっているではないか。掘ってみるとヒトデはまったく原型をとどめず白い石灰質の粒がみえるだけである。二月というのに湯気まで上がっている。古来、アイヌの人たちは便槽にヒトデを入れてハエの発生を抑えたと聞いていたので私はハエの発生に驚き、すぐに美濃教授に報告した。ハエの発生を抑える物質が分解したのだと思い「ヒトデ入りの牛糞の発芽試験をして頂けませんか」とお願いした。結果は見事に発芽した。ヒトデはハエの発生の抑制だけでなく雑草の発芽も抑制すると聞いていたのでなおさら嬉しかった。

それからは北海道の研究奨励補助金も頂き、各種作物の栽培試験を実施し、すべていい成績を出してくれた。なかでも小豆と大豆の根粒細菌が大きく数も多いことが実証されたことは特筆されよう。これらの結果を踏まえて特殊肥料の申請をし認可されて「天使になった海のギャング」の名称で現在も販売している。名づけ親は妻である。その後、縁あってヒトデは薬学系の某教授のもとで分析されハエ発生を抑制するメカニズムと物質が判明したのである。ハエは卵→うじ虫→サナギ→ハエと変態するが、うじ虫からサナギになるときの蛹化ホルモンを抑える物質が特定され、さっそく特許申請されたそうだ。

図10 堆肥「天使になった海のギャング」

ネギバエや一般のハエの発生を抑える生物農薬として活躍する日も遠くはないだろう。

ここでも私は人様の実績の縁の下の力持ちに終わってしまった。北海道の補助金を頂いているのでヒトデ堆肥製法特許も取れなかったが、ヒトデ堆肥化のパンフレットもでき、全道各地の漁港でヒトデ処理が普及していると聞き、今ではそれでいいと納得している。

### 中小企業家同友会の活動

四〇歳を過ぎたころ、農業種交流の「北海道中小企業家同友会」帯広支部の地元会員からしきりに入会を勧められたが「何をいまさら土建業者や自動車工場経営者らと交流しなければならないのか」と断り続けていた。しかし熱心に何度も勧誘されるうちに優柔不断な私は試しに例会に参加することになった。もともとその気があったのか、私は会員たちの人柄と雰囲気にすっかり魅了されて、即入会を決意した。

それからは毎月の例会が楽しく刺激的であった。大樹町だけでなく帯広の例会にも参加するうちに農業経営部会を作ろうという話になり、一〇名ほどの農業者で全国二番目の部会を作ってしまった（一番目は千葉県。現在は一八〇社を越え帯広支部最大の部会となった）。毎年秋には会員の農場を会場にして収穫感謝祭を催し、ジャガイモ堀り、焼肉、会

図11　「農屋」の屋台

員の物産販売などをにぎやかにやっている。多少の利益が出ると貯金をし、アメリカ農業視察に行ったこともある。そんな活動の場で知り合った四名で帯広市内の屋台村・北の屋台で「農屋《みのりや》」を開店したのは二〇〇一年七月である。「百姓が水商売をやるのか」と馬鹿にされながら「自分たちが作った商品を売るアンテナショップだ。飲食が主目的ではない」と開き直り、平均年齢五三歳の遅れてきた青春親父号は船出した。手探りで始めた商売だったが暖かい店子たちの支えもあり「百姓がやっている店」だとか「みんな個性の強い各町村のもて余し者でうまくやっていけるわけがない」とかの揶揄中傷のなかで周囲の関心を集め、いつの間にか人気店になってしまった。そうするとマスメディアも取材に訪れ後押しをしてくれるようになった。そこでヒット商品になったのが前に書いた「ビフトロ丼」である。「農屋」の事例が全国的に知られるようになり、各地で農業者の直売所や農家レストランの開業につながったと思えば嬉しい限りである。百姓とは百の姓（＝仕事をやる職業）と思えば簡単かもしれないが、このような取り組みのきっかけを作ってくれた同友会には本当に感謝している。

## 6　農業は人間とともにあり続ける

### ないから、やる

少年時代からの夢を実現するべく体力と意欲だけでがむしゃらに突っ走ってきたが、よくぞ大病や大怪我もせず来れたものと感謝している。私は農業現場の厳しさを知らずに飛び込んだゆえに、さまざまな問題や課題に対処できたのではと思っている。傍からみている人たちはハラハラどころか「何を馬鹿やっている」と冷笑していただろう。

当初、畑作の良地に砂利を入れ牛舎を作る私に対して、近所の先輩は「ウシを飼うよりアズキを作った方がずっと儲かるのに、もったいない」と言われた。確かに畜産、とりわけ肉牛をやるなら不便な山岳地帯でも十分成り立つ。西アメリカでは肉牛経営者たちはロッキー山脈の方を指さされるそうだ。しかし畑作経験のない私はひたすらそんな「畑作一等地」を肉牛牧場に変えていった。しかも乳用雄子牛の哺育・育成・肥育という生産技術体系のまったくないリスキーな分野に突き進んだのだ。ホクレンの大町氏を介してのＮ社の試験に始まり、本格的な乳用雄子牛主体の経営に入ったのだが、未開発の分野だったため新しい飼育体系を作るという開拓者魂が揺さぶられたのであろう。肉牛牧場をやりたいという夢と乳用雄子牛への取り組みがガッチリ手を組んだというわけだ。結果、大町氏との連携で乳用雄子牛の各種試験や施設建設を実施し「乳用雄子牛飼育マニュアル」ができ、全道での普及の礎となったことは嬉しい限りである。

いろんな問題に遭遇するたびに「人生万事塞翁が馬」と思い遊牧民的、臨機応変的に対応する生き方をしているが、一切悔いはない。新規就農に始まりバンカーサイロ建設、堆肥盤屋根かけ、牛糞発酵飼料、牛肉加工、ヒトデ堆肥化、屋台など当時ほとんど誰も手をつけなかったことを具体化できたのはエネルギーが満ちていたからであろう。しかも堆肥盤とヒトデ堆肥化以外公的補助金が一切なかったことは先を走る者の宿命であると思っている。このことを踏まえて「最初に補助金ありき」で取り組むのではなく「金がないからやる」意欲と知恵を出すことが大切と思っている。牛肉加工場や農家レストランは私の事例を参考にして全道で四件できたが、これも嬉しいことである。

## 外的要因に翻弄される

農業をやっていると自然環境に振り回されるだけでなく、外的要因によって大きな損害を蒙ることがある。一九七三年から七四年のオイルショック、一九八九年の米国産牛肉の輸入自由化、二〇〇一年のBSE、二〇〇〇、二〇一〇年の宮崎県口蹄疫、二〇一二年のユッケ中毒事件など枚挙に暇がない。なかでもBSEのときは肉値が半値以下になったし、ユッケ事件のときは当場の目玉商品のビフトロの製造販売が禁止になり、大きな痛手を受けた。約一年半後、加熱処理することを条件に製造販売は可能となったが、そのための設備投資や製品歩留まりの低下で値段が倍になり、苦慮している。ユッケ事件は一焼肉店のずさんさが中毒死を生み、業界全体に大きな損害を与えたわけである。この例からも生産者、製造者、販売者は安全・安心を第一に考えなければならないことは原則である。利益目的が優先すると安全性が崩壊する可能性があるので、万全の注意を払わなければならないと自戒している。

ユッケ事件に関連してレバ刺しもO－一五七（腸管出血性大腸菌）による食中毒の危険性が高いという理由で、事件も起こっていないのに二〇一二年七月以来、生食提供は禁止されており、これも大きな痛手である。現在、レバーに放射線を照射することでO－一五七を消滅させる研究が進められている。ぜひ成功して国の認可が下りることを願っている。外的要因はすべてが不可抗力ばかりでなく、生産・製造・販売のそれぞれの現場で努力すれば回避できるものが少なくない。つねに安全・安心の追求を怠ってはならないと思っている。

## 人とのつながり、自然主義

私たちがここまでやってこれた理由の一つに人との出会い、つながりがあったことを忘れてはならない。混迷のとき、苦境に陥ったとき、決断のとき、必ず導いてくれる神のごとき人たちの存在があった。知らない土地を定住の場とし、経験のない仕事を興し生活を自らの手で支えていくことは一般に考えるほど生易しいものではない。みたり聞いたりする範囲では格好よく映るだろうが、現実は戦いである。そんな生活の下、心優しく接してくれる人たちにたくさん出会えた。私たち夫婦、家族だけでは何も成しえなかったと思っている。実習生を含めたたくさんの人たちとの出会い、つながりこそ私たちの大きな財産である。

牧場を始める前は「アルプスの少女ハイジ」の世界が体験できるだろうと期待していたが、そんな妄想はすぐに雲散霧消してしまった。就農当初は体調を無視して「働きづめ」というより「動きづめ」だったため、翌年過労で三日間昏睡状態になった。雨の日や夜は働いても能率は上がらず、怪我や事故のもとになるからゆっくり休むことである。夏期間は実習生を受け入れ牛舎や車庫作りに忙殺され、のんびりと牧草地で寝転ぶ余裕さえなかった。そんな慌ただしい生活のなかでも、ふと「ああ、いい情景だな」と思える日が一年に一度くらいは来るようになったのは、四〇歳過ぎてからだろうか。春はいっせいに周囲が緑になり、夏は乾いた暑さで身体はだるくなく、短い秋はあっという間に紅葉から落葉し、冬の凛とした寒さには身がひきしまる。なかでも夏、友人・知人が来場し焼肉小屋で酒を酌み交わし外に出て西に沈む紅い夕陽をみるときは、学生時代、大分久住畜産試験場からみた阿蘇山の夕焼けを彷彿とさせ、えもいわれぬ快感に浸れる。また夜が更けてくると満天の星が降ってくるような錯覚に襲われ、思わず肩を組み琵琶湖周航の歌を放歌高吟する。その都度、酔いも手伝い「この大地、空は全部俺のものだ」と思う。そういえば以前、実習生が一人の女子学生を外に誘い出し星空を指さして「この星全部を君にプレゼントする」と口説いて結婚したケースもあった。まさに坐禅で教わった「無一物無尽蔵」なる言葉が全身を突き抜け、牧場生活悔いなしの心境になる。

山菜は春のギョウジャニンニクに始まりタラの芽、ウド、ワラビ、フキと続き、秋にはラクヨウキノコ（イグチ）やシメジ類が豊富に出揃う。それらを収穫しては街に住む知人に届け、喜ばれる姿がまた嬉しい。子供のころ、小川で魚を捕って帰ると魚好きの親父に喜ばれた思い出が蘇るのだ。海の幸も豊富でサケ、シシャモ、ツブ貝、ホッケ貝、カニなどが旬になるとおいしく頂ける。漁師の人は気風がよく、お礼をすると倍になってまた返ってくる。このように田舎では自分の作ったもの、捕ったものを周囲にプレゼントするという運命共同体的精神が脈々と流れている。

また、ライフラインの水道や電気でも自然の恩恵を受けている。水道水は過去何度も清流日本一になった日方川の上流を水源にしているが、当場ではウシが多量に飲むため別途地下水を利用することになった。ボーリングすること一〇メートル、途中厚さ一メートルはあると思われる岩盤をくり貫くと、見事な清水が噴出してきた。硬水ではあるが保健所の水質検査もクリアし、現在はウシともども毎日利用している。数年前から太陽光発電も取り入れているので万が一電気がストップしてもモーターを稼動させ、この水を飲むことは可能である。また、林地も約一ヘクタールあり灯油が入手できなくなれば木を伐採し薪ストーブで暖を取ることができる。米が入手できなくなればジャガイモを作ればいいし、世界経済がストップしても最低限生き抜けると自信を持っている。それはこの環境だからこそ可能で、本当にありがたいことと感謝している。

**農業は「生命産業」**

自給自足の農業でなく生業《なりわい》として農業をやる以上、つねに生産物の安全性を確保、追求することは必定である。ブラックジョークのように言われる「販売用の野菜は農薬づけにし、自家用は無農薬である」ということがあってはならない。偉そうに言っている私も以前は肥育促進ホルモン剤シノベックスを利用したことがある。言い訳がましいが「天然抽出ホルモンは残留せず、安全」と信じたからである。しかし前述したように米国産牛肉がキューバで起こした子供の二次性徴事件や、ＥＵの成長ホルモン使用の米国産牛肉輸入禁止などが契機となり、二〇年以上前から使用していない。

とくに二〇〇一年のＢＳＥ事件以来、ウシの個体識別番号制（ウシの戸籍）とトレーサビリティ（生産履歴）が義務づけられ、消費者の牛肉をみる目は一段と厳しくなった。牛肉加工品についても使用原料や添加剤などの表示が義務づけられているが、合法的な調味料や添加剤でも当場では使用していない。このことを妻に質すと、平然と「こだわり」とのたまう。その結果、限りなく「宮廷料理」に近づき利益は遠く離れていくことになる。現在農業界は六次産業化が農畜産物の輸出とともに夢ある農業の救世主のように言われているが、よく考えなければならないと思っている。六次産業化とは農業（一次産業）・製造業（二次産業）・サービス業（三次産業）を合一することだが、足し算か掛け算かで大きな違いが出る。一＋二＋三＝六か、一×二×三＝六かの二通りのうち、前者だと一つの分野がゼロになっても三以上にはなるが、後者だとすべてゼロになる。自己完結型の六次産業化であれ他企業との連携型であれ、私は掛け算の六次産業化でなければならぬと思っている。なぜなら三つの分野それぞれが安全・安心面で信用を失墜すればゼロになるからである。ユッケ中毒死事件が好例である。「農業は生命産業」であることをつねに意識して営農していく覚悟でいる。

## 仲間作り、これからの時代へ

人とのつながりのなかで今の私たちが存在していることはいろいろと書いてきたが、これからの時代を作り生きていく若い人たちとのつながりをつくるため、実習の場を引き続き提供していきたいと思っている。就農しなくても農業の持つ広く深い内容に触れて理解してくれるだけでもありがたい。たとえば農業は総合大学であり、バランスのよい知識や技術がなければ成り立たない。別の言い方をすれば、最少量の法則（植物の生産量は生育に必要な諸因子中、供給割合の最小のものにより支配される）とも言える。

また、文化はＣＵＬＴＵＲＥで語源はＣＵＬＴＩＶＡＴＥ＝耕すから来ている。まさに農業＝文化で社会の基礎をなしているのである。さらに彼らが加工の現場で安全・安心・美味にこだわっていることを知り、焼肉小屋で食事をして満足して帰っていくお客さんの姿を見届けてくれれば言うことはない。安心・安全・安価なる三安がいかに空疎な言葉かわかってくれるだろう。実習を終えると将来はいろんな分野での活躍の場が待っているだろうが、体験を生かしてくれることに期待したい。農業を皮相でなく、地に足がついた見方で見て思考をしてくれることを願っている。

# 第3章　松永牧場の誕生と展開

## ——環境重視・品質本位のエコファーム——

松永和平

松永和平
（まつなが　かずひら）

1955年，岩手県生まれ。
株式会社松永牧場代表取締役。

---

1959年，親とともに島根県益田市へ移り住む。高校卒業後，大阪での銀行勤務を経て73年，親の営む牧場を継ぐ決意をする。農事組合法人「松永牧場」を設立し，法人化・規模拡大による牧場経営にあたる。2013年には牧場を株式会社へと組織変更し，代表取締役に就任。地域に根ざし，環境問題や食の安心・安全の問題を考慮した畜産に取り組んでいる。

---

## 1　農業を夢見て

### 農業だけはしたくない

株式会社「松永牧場」は、島根県石見地方、益田市種村町の山あいにある中国地方でも最大規模の牧場である。二〇一三年現在で、肥育牛を中心に七〇〇〇頭近くのウシを育てている。他に関連会社として酪農の「メイプル牧場」や県外進出第一号の「萩牧場」（山口県萩市）なども設立し、環境重視・品質本位の畜産に取り組んでいる。

私は中学校時代から、将来の職業として農業だけは絶対にしたくないという強い思いがあった。それは親の後ろ姿を見て思ったことである。私の父は、一五歳の時に中国満州に開拓団の一人として入植し、その後シベリア抑留、中国内戦を経験。一九五三年の最終の船で舞鶴港へ帰り、岩手県の前森山集団農場で開墾。そして一九五九年に現在の島根県益田市へと、そんな転々とした苦労続きの人生を歩んできた。

父は数十頭のウシを家の敷地内の畜舎で育てていた。私も小さいころ、朝早くから夜遅くまで働き、忙しいときにはいつも手伝いをさせられ、父と遊んだ記憶はまったくなかった。それで子供心に「こんな人生送りたくない」と思っていたのである。進学する高校を選ぶ際には、親から離れて下宿できる高校へ行きたいという思いが強かったので、あまり興味のないコンピュータ専攻の情報処理科を選んだ。新しく島根県立浜田商業高校ができると聞き、「これからはコンピュータの時代だ」と親を説得し、下宿をすることができた。高校卒業後は親元を離れて大阪の銀行へ就職したものの、都会の環境にはなかなか馴染めなかった。とくに、当時まだ建築中だった梅田の駅の薄暗い構内から、話し声も聞こえず早足でアリの行列のように人が湧いてくる光景にはぞっとした。

そんなとき、母から父が事故に遭い入院したという連絡が入り、その父からも帰って一緒に仕事をしてほしいといわれた。もともと職業としての農業に抵抗があったわけではない。ただ、親のいいなりに動く仕事が嫌だった。そこで私は法人化、規模拡大したうえでの畜産経営を打診してみた。牧場も会社方式ですれば、経営方針や労働環境等が話し合いによって解決できると思ったのである。提案はすぐに受け入れてもらえ、帰ることを決意した。一九七三年のことであった。

## 法人として

家の敷地内から山奥に入った広大な土地に畜舎を移転し、父を代表理事として、農事組合法人「松永牧場」がスタートした。しかし自分が思い描いていた夢は、あっという間に崩れていった。朝早くから夜遅くまで働いても自由はなく、父は話を聞こうとはせず、「いずれはお前のものになるのだから」という一言ですべてを結論づけようとしていた。結局、以前と何も変わらず、父とは喧嘩が絶えなかった。

当時の農業後継者には、五〇歳を過ぎても経営委譲されず、妻や子供がいながらも、親の機嫌を伺いながら休日やお金をもらっているという人も少なくなかった。田舎では、自立できなくても親にいわれるままに働く後継者が良い後継者であると思われるところがある。私も自由が利かないため、友達には気を遣われ、結婚や将来設計も立てられなかった。しかも畜産は借入金も多く他人保証も必要、そんななかで利益を求めようとしない親の考えに、私はついていけなかった。それで弟と話し合った結果、父には代表理事を降りてもらうことになった。それができたのも会社方式にしたからである。農事組合法人は、農協法のもとにあり、出資一口一票ではなく、組合員一人一票制なのだ。

父は、面子もあってか自分を除名にするよう迫ってきた。「親がいなければ世間も相手

表1　法人としての沿革　(頭)

| | 経営の変化 | 乳用種 | 繁殖 | $F_1$ | F1X | 黒毛和種 | 合計 |
|---|---|---|---|---|---|---|---|
| 1973年 | 8月29日法人登録をする | 184 | | | | | 184 |
| 1974 | 島根県農業公社牧場として開発を進める | 335 | | | | | 335 |
| 1975 | 草地　1.9ha　隔障物　3,150m<br>牛舎　372m完成 | 295 | | | | | 295 |
| 1976 | 草地　7.7ha　雑用水，電気，牛舎等完成 | 416 | | | | | 416 |
| 1977 | 牧道1,882m完成。公社牧場事業終了 | 467 | | | | | 467 |
| 1978 | 牛舎2棟建設 | 512 | | | | | 512 |
| 1979 | 堆肥舎を建設。牛肉価格の高騰により赤字解消 | 531 | | | | | 531 |
| 1980 | 牛舎3棟建設 | 659 | | | | | 659 |
| 1982 | 牛舎1棟建設 | 685 | | | | | 685 |
| 1983 | 山陰水害による被害を受ける。堆肥盤を作る | 683 | | 21 | | | 704 |
| 1984 | 代表者がかわる。種地区有機物稲藁利用組合を結成。地域畜産総合対策事業を導入 | 703 | | 36 | | | 739 |
| 1985 | 堆肥の販売に取りかかる | 642 | | 62 | | | 704 |
| 1986 | 畜産振興資金で200頭牛舎を建てる | 790 | | 86 | | 10 | 886 |
| 1987 | 堆肥舎を建設，自動堆肥攪拌機を入れる | 753 | | 203 | | 45 | 1001 |
| 1988 | 繁殖を開始。牛舎3棟建設 | 595 | | 299 | | | 894 |
| 1989 | FX，ET合わせて57頭出産 | 501 | | 454 | 52 | 70 | 1077 |
| 1990 | バンカーサイロ，堆肥盤建設 | 346 | | 490 | 118 | 23 | 977 |
| 1991 | スタンチョン式牛舎建設。全自動堆肥袋詰機構入<br>台風19号の被害を受ける | 293 | | 481 | 163 | 13 | 950 |
| 1992 | 法人設立20周年を迎える。和牛の導入開始<br>石見空港着陸帯工事を請け負う | 86 | | 756 | 199 | 39 | 1080 |
| 1993 | 日本農業賞を受ける。堆肥部門にパレット積ロボット導入。乳用種肥育より完全撤退 | | | 883 | 215 | 160 | 1258 |
| 1994 | 猛暑が続く。牛舎増設 | | | 931 | 246 | 279 | 1456 |

| | | | | | | | |
|---|---|---|---|---|---|---|---|
| 1995 | 除角施設を導入し全頭除角に入る。島根県農業公社牧場事業を取り入れ規模拡大に入る。血中ビタミン分析開始 | | | 1214 | 237 | 342 | 1793 |
| 1996 | 日本全国，狂牛病，O-157による消費に影響。牛舎増設（200頭） | | | 1332 | 282 | 290 | 1904 |
| 1997 | 全国肉牛共進会交雑の部にて最優秀賞を受賞 | | | 1561 | 295 | 266 | 2122 |
| 1998 | 集団哺育施設導入，牛舎２棟増設，堆肥舎増設 | | | 1677 | 335 | 276 | 2288 |
| 1999 | 体外授精卵産子枝肉共励会にて最優秀賞を受賞 | | | 1827 | 359 | 291 | 2477 |
| 2000 | 豊かな畜産の里作りで畜産局長賞を受ける。㈱石見ウッドリサイクルを設立する | | | 1760 | 402 | 367 | 2529 |
| 2001 | ３年連続体外授精卵産子枝肉共励会にて最優秀賞を受賞。西川賞受賞。BSE９月日本で発生 | | 242 | 1606 | 413 | 384 | 2645 |
| 2002 | 800頭の繁殖一貫牧場の建設に入る | | 414 | 1836 | 497 | 497 | 3244 |
| 2003 | ISO14001.1996取得 | | 501 | 2106 | 483 | 669 | 3759 |
| 2004 | 生産情報公表牛肉JAS取得 | | 658 | 2008 | 483 | 1002 | 4151 |
| 2005 | 生産情報公表牛肉JAS出荷始まる。㈱メイプル牧場設立 | 5 | 706 | 2178 | 374 | 1373 | 4636 |
| 2006 | 農林漁業金融公庫より“輝く経営大賞”を受賞 | 18 | 736 | 2235 | 325 | 1677 | 4991 |
| 2007 | 全国優良畜産経営管理技術発表会「最優秀賞」受賞 | | 728 | 2281 | 230 | 1922 | 5161 |
| 2008 | 食品残渣飼料化プラント完成。内閣総理大臣賞を受賞 | | 777 | 2439 | 143 | 2317 | 5676 |
| 2009 | 畜産大賞特別賞を受賞 | 1 | 785 | 2659 | 12 | 2408 | 5865 |
| 2010 | FOOD ACTION NIPPONアワード2009製造・流通・システム部門優秀賞受賞 | | 788 | 2686 | 2 | 2398 | 5874 |
| 2011 | 「安全で美味しい島根の県産品認証書」・「東京都生産情報提供食品事業者登録証」取得 | 5 | 1348 | 3415 | | 2068 | 6836 |
| 2012 | ㈱萩牧場・㈱ソーラーファーム設立 | | 1357 | 3657 | | 2058 | 7072 |
| 2013 | 11月10日組織変更「株式会社」へ | | 1375 | 3534 | | 2018 | 6927 |

図１　山奥に移転した広大な松永牧場（上／放牧の様子，下／牧場の全景）

にしないだろう」という思惑からだと思った。私は、父を希望通り除名にした。このとき父が五四歳、私が二八歳、弟が二五歳。「兄弟経営はつぶれる」と言われないよう、兄弟で仕事を分担し、ともに目標に向かってがんばることにした。もしこの決断がなければ、今の牧場経営はなかっただろう。

## 2　さまざまな悩みの種

### 金融対策

牛肉生産にとって一番の課題は、資金繰りにあるといえるだろう。預貯金や担保物件のない人にはとくに深刻な問題である。私の経営も金なし、担保なしの状態で動きだした。そのため開始当初は、資金を最小限で、しかも回転率の高いホルスタインを哺育から育成まで行い、市場に出荷するという形をとった。酪農家を回り、産まれて一週間のウシを一万円で買い、八カ月間保育、育成し、六万円前後で販売することで少しずつ増額していった。

しかし、一九七四年ごろからのオイルショックにより価格は大暴落。資金手当てをする

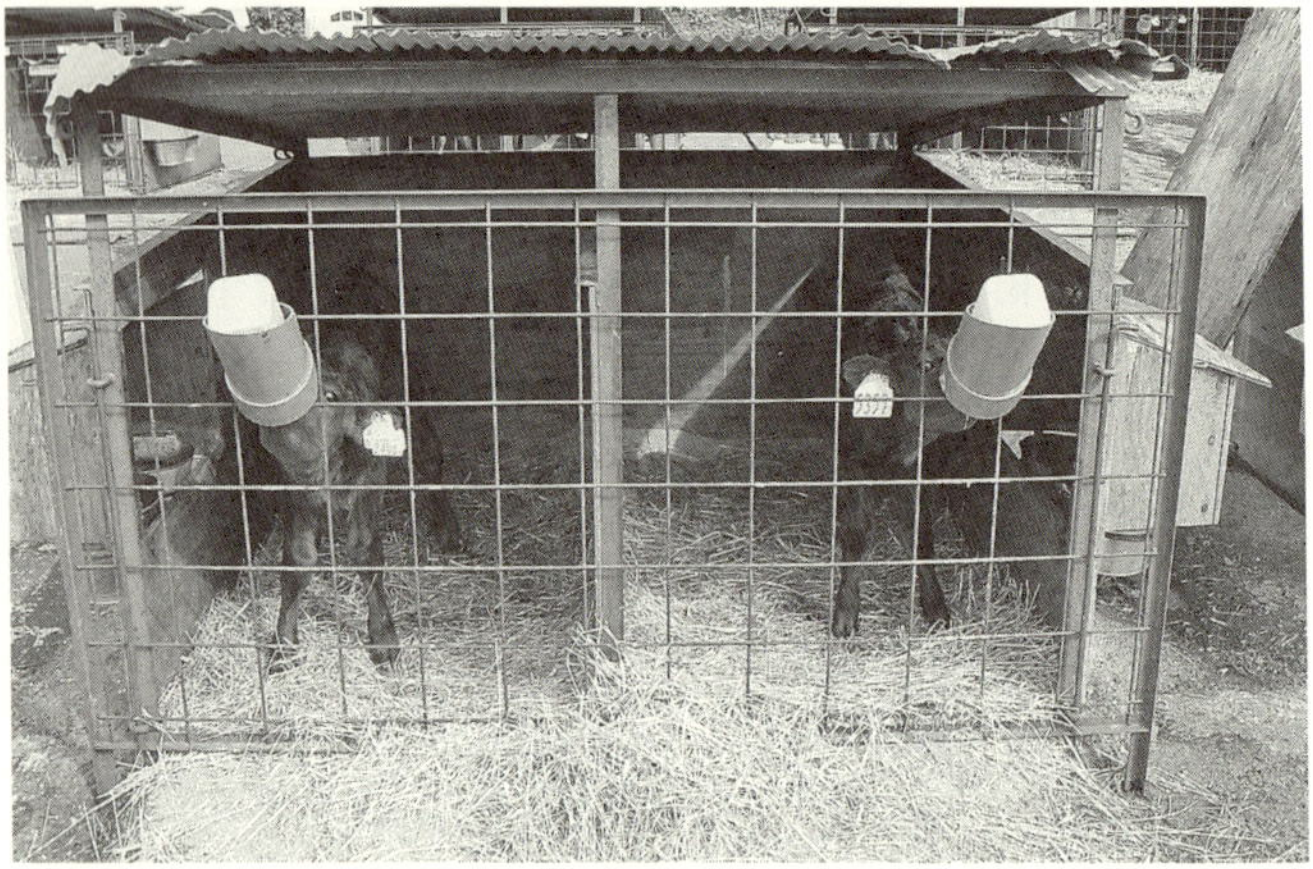

図2　保育舎での様子

ため、今後の経営計画、資金繰り計画を作り、当時の益田市共栄農協の組合長に相談に行き、理解を求めた。その結果、組合長から「今までの農家で経営計画を作って相談に来た人はいない」ということで、融資枠を六五〇〇万円に設定してもらうことができた。しかし、他人保証を拒否したため、苦肉の策として、農林漁業金融公庫が担保設定した土地に、第三順位の担保を設定した。この土地は、当時九八〇〇万円で購入し、草地造成や牛舎の敷地となった土地で、第三順位では担保価値のないものである。借り入れが決定してからは、ただ同然の子牛を集め、育成から肥育までして出荷する形態に変更した。そして一九七九年、牛肉価格の高騰により累計赤字は解消する。経営が順調にいくと、第四順位で五八〇〇万円、第五順位で四二〇〇万円の融資枠が設定され、規模拡大につながった。

しかし、一九八九年、農協の合併により状況は一変した。経営の良い益田市農協と経営の悪い益田市共栄農協の合併である。益田市農協は市の中心部にあり、益田市共栄農協は周辺の中山間部にある。そこで、担保の見直しがされた。その結果、設定されている担保物件には担保価値がないから、三カ月以内に借入金全額返済するようにという決定内容だった。一度も延滞したこともなく、すべて農協を利用していたのに、いきなりの決定に腹立たしく思ったのを覚えている。そのとき誓ったのは、これからの畜産経営は「農協とどれだけ離れることができるか」、その距離を成功へのバロメーターにしようということである。

当時、借入金が一億四二〇〇万円あった。返済方法に悩み、いろいろな人と相談した結果、一億円については島根県農業信用保証協会に集合動産譲渡担保設定することにより農協からの借り入れができ、三〇〇〇万円は取引先の日清飼料から借り入れ、残りの二〇〇〇万円は山陰合同銀行からの借り入れで対応することができた。当時（一九九〇年ごろ）、農業に対しての集合動産壊土担保設定は例が少なく、設定を認めた島根県農業信用保証協

図３　法面緑化事業

会には、今でも感謝している。山陰合同銀行も当時は農業に対する融資は皆無であったが、法面《のりめん》緑化事業に出荷していた牛糞堆肥部門への融資という形で始まったのである。

「なぜ借り換えができたのか」とよく聞かれることがある。私は、代表になった一九八四年から経営の公開をしており、半年ごとに経営内容や問題点、今後の予定や目標等を説明するようにしている。そのため、この取り組みが理解されたのだと思っている。

ＢＳＥ以降、個体識別番号によるトレーサビリティ（流通における追跡可能性）が確立され、それからは、施設資金は農林漁業金融公庫、運転資金は地元金融機関の無担保枠を利用しながら規模拡大を図ってきた。二〇〇五年、都市銀行から借り入れをすることにより利率が大幅に下がった。

### 堆肥をお金に

畜産には、堆肥問題という悩みの種もある。当時はブルドーザーを持ち、自力で草地造成をしながら堆肥処理をしていた。一九八三年、島根県西部が水害にあい、種《たね》地区の田畑のほとんどが原型をとどめないほどの被害を受けた。荒れ地となった田畑を復旧させるために、良質の堆肥がほしいという強い要望があった。そこで、地域の人たちと、種地区有機物稲ワラ利用組合を結成して、国の交付金を受け堆肥舎を建設した。

一九八五年から堆肥の販売に取り組み、当初は、稲ワラとの交換が中心だったが、国営開発地での堆肥散布からハローがけ（機械で土の塊を砕き農地をならす）まで受注に成功し、六〇〇〇トンの堆肥を販売した。緑化事業に対して、試験的に堆肥を供給し、法面業者と緑化資材としての堆肥販売に取り組んだ。当初は、価格競争で苦労したが、それぞれのオリジナル商品を作ることによって、安定した販売をすることができた。多いときには一五社との契約があり、また萩・石見空港の工事において、安全緑地帯二四〇ヘクタールの緑化事業を受け、堆肥を供給した。販売のピークは、二〇〇〇年の二億三〇〇〇万円の売り上げで、その後、公共事業の減少や産廃業界の参入等で売り上げは徐々に減少し始めた。現在は、ホームセンターを中心に販売し、八〇〇〇万円前後という安定した販売をしている。

堆肥製造の一番のポイントは、醗酵温度にある。まず、六〇度前後の醗酵温度を二カ月以上持続することによって、糞の中の菌や雑草の種子などを全滅させる。次に水分が五〇パーセント以下になるようにして、均一で臭いがなく、手で触っても手につかない堆肥を作る必要がある。堆肥は市内の幼稚園、保育所、小学校、中学校、高等学校に無償で配達し、花壇や田畑で使ってもらっている。子供たちが嫌がらず堆肥を使うことによって、家庭に帰ってからも親と一緒に家庭菜園等で利用してもらえることを願っているからだ。また完全に醗酵した堆肥は、新鮮な「のこ屑」より衛生的である。哺

図４　堆肥の袋詰めロボット

育スモール（雄子牛）の敷物にすると下痢の発生が減少し、酪農の敷物に使用すると乳房炎が減少する。牧場では、戻し堆肥を敷料として積極的に利用している。

## 食品残渣の飼料化

穀類の高騰も大きな問題である。現在、世界的な異常気象やトウモロコシを使ったエタノール生産、中国など発展途上国における食肉消費量の増加といった要因で穀類が高騰している。ウシは一〇キログラムの飼料を食べて、八〇〇グラムの肉ができる。牛肉価格の四割、乳牛価格の六割が飼料費である。そこで肉質や乳質を落とさず、飼料費を下げることが重要となる。

以前からオカラなどを生でそのまま与える方法もあったが、量が不安定で、しかも腐りやすいという問題もあり、さらに与え方によっては肉質を悪くするという欠点もあった。そこで、安定した質と量を確保するため、乳酸菌醗酵飼料の生産に取り組んだ。

食品残渣の多くは、産廃業者が処理費をもらって引き取っているのが現状で、個人的に交渉に行っても、なかなか責任者と会うことはできなかった。また、産廃業者の横やりが入ることなどもあった。

そこで銀行にお願いし、間に入ってもらうことにすると、会社の責任者との交渉に成功した。しかし、「産廃」を飼料化することには抵抗があったので、有価物として仕入れることにした。オカラの場合、排出側が大型車一車につき六万円の運賃を支払い、松永牧場がオカラの買い取り料として二万円を排出側に支払うことにより、「産廃」として運んできたものが、松永牧場では有価物となるのである。

現在使用している材料は、豆腐粕、みかん粕、焼酎粕、飼料米、パインサイレージ、もやし、そうめんなどである。それぞれの成分を検査し、飼料設計をして配合する。その後、乳酸菌を混合し、コンテナに入れて空気抜きをする。これを三〇日かけて発酵させ、飼料として利用するのである。この醗酵飼料を、肥育では前期～中期を中心に与えている。後期は肉のしまりを良くするために、一割程度与えることにしている。一方酪農では重量比の半分を与え、乳飼比（売り上げる乳代に対する飼料費の割合）も四〇パーセントを切っている。今後は、お茶粕やうどんといった食品残渣の活用も検討している。

## 3　広がる取り組み

### 益田大動物診療所

家畜の診療体制は、家畜飼養者が家畜を観察し、異常があれば診療所に報告して、診療してもらうのが一般的な方法である。これは人間の診療とよく似ている。しかし、家畜は熱が出たとか腹が痛いと表現することができない。発見したときには、すでに進行して手遅れか、長期にわたって治療が必要な状態となっている場合が多々ある。大切なことは、病気にならない予防対策なのである。

農業共済獣医にもさまざまな考えを持った獣医師がいて、定期異動もある。そのため、なかなか生産者の思いが伝わりきらない。そこで二〇〇五年、同じ思いを持った共済獣医三人と島根県家畜保健衛生所の獣医一人、あわせて四人が辞職して有限会社益田大動物診療所を設立した。四人の獣医の勇気、それを認めた家族の皆さんには、本当に頭が下がる。普段はなかなか言えないことだが、心のなかではいつも感謝している。

現在は、大卒獣医も加入し、七人で和牛の繁殖と肥育、酪農あわせて一万二〇〇〇頭の

図5　益田大動物診療所のスタッフ

診療をしている。独立診療体制ができたことで、メイプル牧場や萩牧場の設立にもつながった。現在は、診療だけではなく酪農の指導や飼料設計、エコ飼料の飼料設計等もしている。

## ソーラーファーム

松永牧場で太陽光発電に取り組もうと思った一番の理由は、夏場の牛舎の屋根の温度をどうしたら下げることができるかという思いからだった。ウシは、寒さには強いが暑さには弱い動物である。それでたとえばメイプル牧場では、雨水を地下タンクに溜めておいて、それを夏に屋根に散水し、循環させている。どの牧場にも天井には大

図６　メイプル牧場（パース）

きな換気扇がたくさん取りつけてあり、一年中回っている。この牛舎の屋根に太陽光電池を設置することにより、直接の日光照射を避けることができ、牛舎内の温度が四度も下がることを知り、本格的に取り組むことにしたのである。

当初は、屋根を貸して、電力売り上げの五パーセントを管理料として受け取る全農方式を採用しようと考えたが、地元の企業や山陰合同銀行の勧めで、新しい会社を作り、太陽光発電に参加することにした。山陰合同銀行が市内の金融機関とシンジケートを作り、総事業費の一一億六〇〇〇万円を調達し、しかも出資参加まですることになった。金融機関が資本参加することは珍しく、担当職員も「役員に融資のことより、資本参加の説明をする方が厳しかった」という。これには本当に感謝している。

こうして株式会社ソーラーファームは設立された。発電量が四メガで、年間売電一億六二〇〇万円を計画している。現在は予定量より八パーセント以上多く発電しており、これは発電量と石油削減効果に換算すると、ドラム缶四六〇〇本に相当する。二酸化炭素削減量を、二酸化炭素を光合成する日本の森林面積に換算すると、五九四八ヘクタールの森林と同じ効果がある。まさに環境にやさしいクリーンエネルギーといえるだろう。

## 酪農への挑戦

和牛繁殖を始める以前から、酪農への参入を強く望んでいた。それは、素牛確保のための酪農経営である。和牛子牛の場合、親牛の減価償却費や飼料代、管理費すべてが子牛生産原価にかかってくる。しかし、酪農で産まれた子牛は、それらが乳価に反映されるため、子牛原価には一般的に、精液代または受精卵代しか評価されない。酪農肥育一貫体制を作ることによって、安定的に肥育経営ができるのである。

当時、$F_1$子牛（雑種第一世代の子牛のこと）は、地域の酪農家が集めていた。また、牛乳出荷の乳量枠や技術的不安もあって取り組むことができなかった。二〇〇四年、廃業する酪農家が多くなり、島根県内の乳量の確保が難しいので酪農に参加して欲しいという相談があった。私は資金、技術、建設場所等々を検討した結果、小規模酪農では魅力がなく、

図7　機械化された搾乳

一〇〇〇頭以上のメガファームを作る必要があると考えた。しかしそのためには、異業種の人たちにもメンバーに入ってもらい、資金力、技術力を確保する必要があった。それでまず、有限会社益田大動物診療所の同意を得て、次に安野産業株式会社に同意を求めた。安野産業株式会社は、益田市内に七つのグループ会社を持ち、二〇〇〇年からは松永牧場とともに株式会社石見ウッドリサイクルを経営している会社である。もともと林業から出発した会社で、イチゴ栽培など農業にも興味を持っていた。そういう経緯もあり、酪農の情勢や乳価は一定ですべて買い取り制、食品残渣を利

用した低コスト経営、八年以内に必ず配当できる経営を目指しているなどの説明をして同意を得ることができた。

こうして松永牧場、益田大動物診療所、安野産業、この三者を中心に、株式会社メイプル牧場を設立することができたのである。「メイプル」には「赤ちゃんのてのひら」という意味がある。子供たちの健やかな成長を願い、安全で美味しい牛乳を生産することを目指している。また、構成が異業種五人の出資者でできていることもあり、協調のシンボルとしてメイプル牧場と命名した。

生産一期目は、乳量制限があり大幅な赤字を出したが、その後制限が解除され、六期目では、債務超過も解消。七期目では目標より一年早く、配当することができるようになった。

## 4　安心しておいしい肉を

### 肉のおいしさ

日本人は、おいしさについて見た目から入るといわれている。牛肉について、肉色の濃い肉が輸入牛肉、淡い肉色が国産牛であると思っている消費者も多いのではないだろうか。

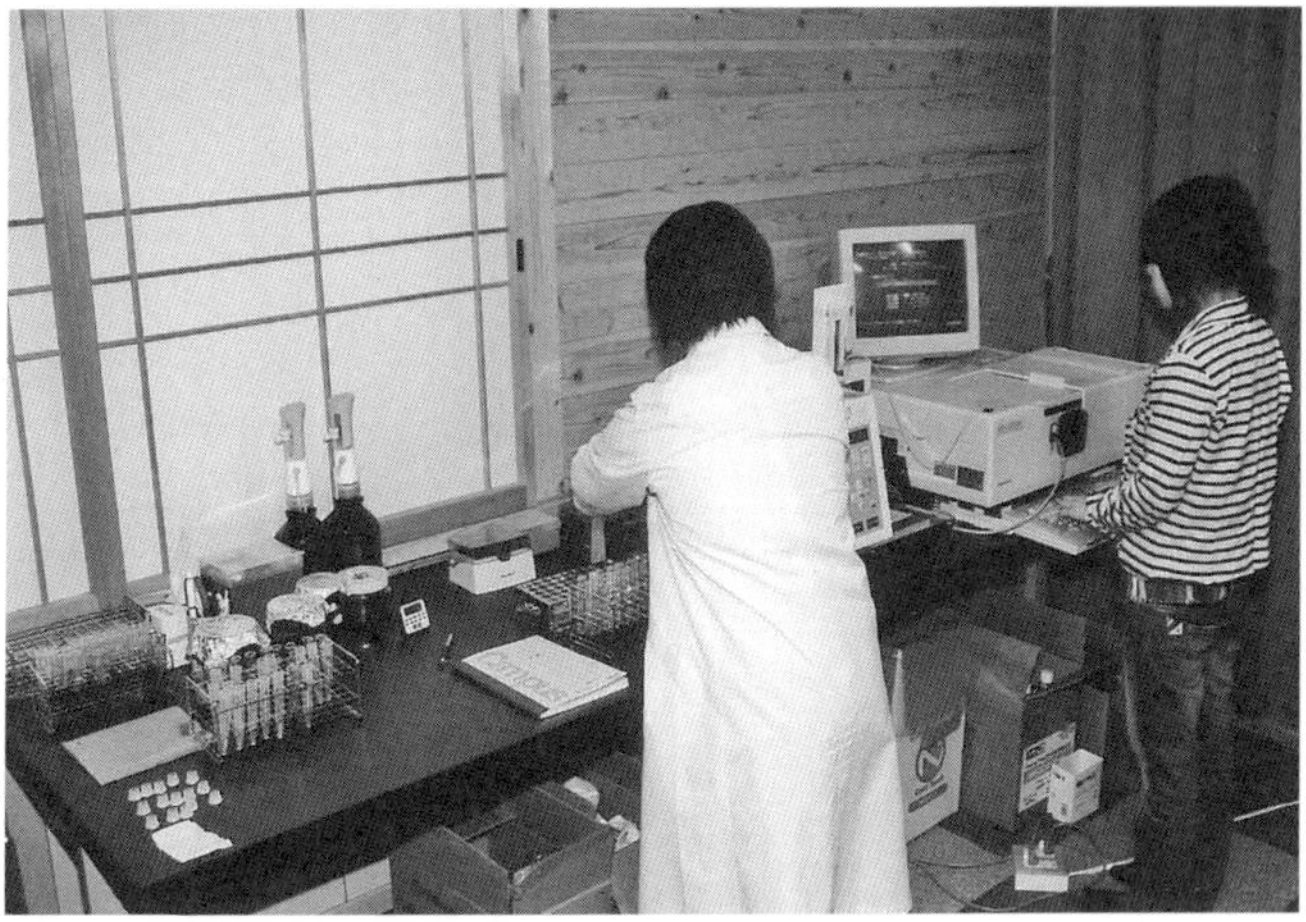

図８　全頭血液検査

ウシにストレスを与えたり、ビタミンＡやカロチンの多い餌を与えたりすると肉色が濃くなる。逆に日本人が好む淡い肉色を出すには、血中のビタミンを欠乏させる必要があるわけだが、ビタミンＡが欠乏しすぎると、盲目、肝臓障害、肢腫れ、食欲減退などをおこし、死に至ることもある。牧場では、健康なウシを育てるために、出荷まで最低二回はウシの血液を採取し、血中のビタミンＡやコレステロールの値を計り、管理している。また、餌担当者は、毎日の給与量を計りきちんと記録している。

次においしさについて重要視されている情報は、耳から入る。「松阪牛」「神戸牛」と聞いたら食べなくてもおいしいと決めつけてしまうのである。

では、食べて本当においしい肉は、どこで決まるのか。私は、脂肪質にあると考えている。固くなく、指先で溶ける脂肪が良いとされていて、オレイン酸などの「不飽和脂肪酸」を多く含む脂肪がおいしい牛肉なのである。この「不飽和脂肪酸」は人間の身体にも良い脂肪だといわれている。肉のおいしさを左右する要因は、①品種、②性別、③血統、④飼料、⑤肥育期間、⑥環境である。松永牧場では、さまざまな研究を重ね、独自で開発した飼料により「おいしくなる血統のウシ」を肥育し、動物の福祉も考慮した最高の環境のなかでの生産を心掛けている。

### 地域とともに

畜産業は地域にとって、あるよりはない方がいいとよくいわれる。経営を継続させるには利益を上げることも必要だが、それとともに地域と上手にコミュニケーションをとり、共存していくことも大切なのである。そんな思いで一九九二年から「松永牧場 牛肉祭」を開催している。これは、牧場で育ったウシをいろいろな食べ方で、丸ごと食べようというイベントだ。「牛肉祭」では、しゃぶしゃぶ、焼肉、ももの丸焼き、牛丼、タタキ、牛肉コロッケ、モツ煮込みなど牛肉がメインで、他にも地元で採れた食材を使ったものを食べることができる。飲み物類は別で会費は二〇〇〇円。もともと、地元の人たちとの交流の場にしたいという思いで始めたので、地元の六五歳以上の方には無料招待券を届けている。また、子供は親と一緒であれば無料としている。

取引先の業者にも協力してもらい、抽選会の景品を準備してもらっている。開催当初は、会費と同程度の景品を五個ほどお願いしていたが、年々景品も豪華になってきて、電動マッサージチェアー、エアコン、テレビなどの電化製品を準備してもらうようになった。昨年はこれらを含む景品が三〇〇人近くにあたった。また会場ステージでは、ミニライブやその他の催しがあり、よりいっそう盛り上がりを見せる。三四〇人しかいない地域に、この日だけは二〇〇〇人以上の人が集まる。

会場内の一角には、地元の方、牛肉祭に参加した方にも理解してもらえるよう、牧場の一年間の取り組みや畜産に対する思いを紹介するコーナーを設けている。

この他にも地域の行事には積極的に参加するようにしており、たとえば四月には「種の山菜を食う会」という行事がある。牧場は川の上流にあり、「川を大切にします」という思いを込めて、清流に住む山女《やまめ》をこの行事にあわせて放流している。この日は一日ののんびりと山女釣りや山女の塩焼きを堪能し、地域の方に楽しく過ごしてもらっている。

## 安全のための規格

二〇〇一年、日本で初めてBSE発生が確認され、それをきっかけに国際標準化機構（ISO）の認証を取得した。熊本県では、捨て犬ならぬ捨て牛が話題となり、牛肉価格は暴落、多くの学校給食で牛肉の使用が中止になり大混乱となった。牧場でも対策をいろいろと話し合った結果、生産現場を消費者に公開することが必要という結論が出た。公開するにあたり、自己判断の環境対策より、一歩踏み込んで第三者機関に認定されるような環境対策を取る方が良いのではないかという強い思いからISOに挑戦することにしたのである。コンサルタントに手順を指導してもらい、できるだけ自分たちの力で認証を取ろうという思いであったが、畜産におけるISO取得の難しさを実感した。取りかかってから八カ月、やっと認証を受けることができた。

ISOの良さは、トップダウンで環境問題を考えるのではなく、職員皆で共通の問題を考えられるところで、環境方針はホームページ、地元公民館、JA等でも知ることができる。

松永牧場では二〇〇四年、生産情報牛肉JASを取得してJAS認定牧場となった。トレーサビリティシステムの導入など「農場から食卓まで」顔の見える仕組みを整備することが求められており、その一環として食品の生産履歴（生産者・品種・出荷日）に関する情報を消費者に正確に伝えていることを第三者機関が認証するＪＡＳ規格制度がスタートした。ＪＡＳ規格では雄雌の区別、出生年月日、管理者の氏名及び住所、飼養施設の所在地、給餌した飼料の名称及び使用した動物用医薬品の名称等を記録、保管、公表することが義務づけられている。松永牧場では、これまでも生産管理の立場で給餌履歴と治療履歴を管理してきた。生産性向上のために使用していたデータをＪＡＳにも応用し、公開することにより消費者の信頼に応えるようつとめている。

しかし、公開さえしていれば安心というわけではない。そこで、ＪＡＳ牛格付には自主基準を設定している。薬事法では抗生物質の休薬期間は一カ月だが、ＪＡＳ認定牛は六カ月以上経過したウシが認定できることになっている。今後、休薬期間を十カ月以上に設定する予定もある。

また、動物用医薬品の治療目的での使用は十種類までとし、第四胃変位や尿結石症等の手術牛や催眠鎮静剤、ホルモン剤の使用牛は格付しないという高い基準を設定して運用している。ＪＡＳの公表は生産者、と畜場、卸売業者、小分け業者がそれぞれＪＡＳ認証さ

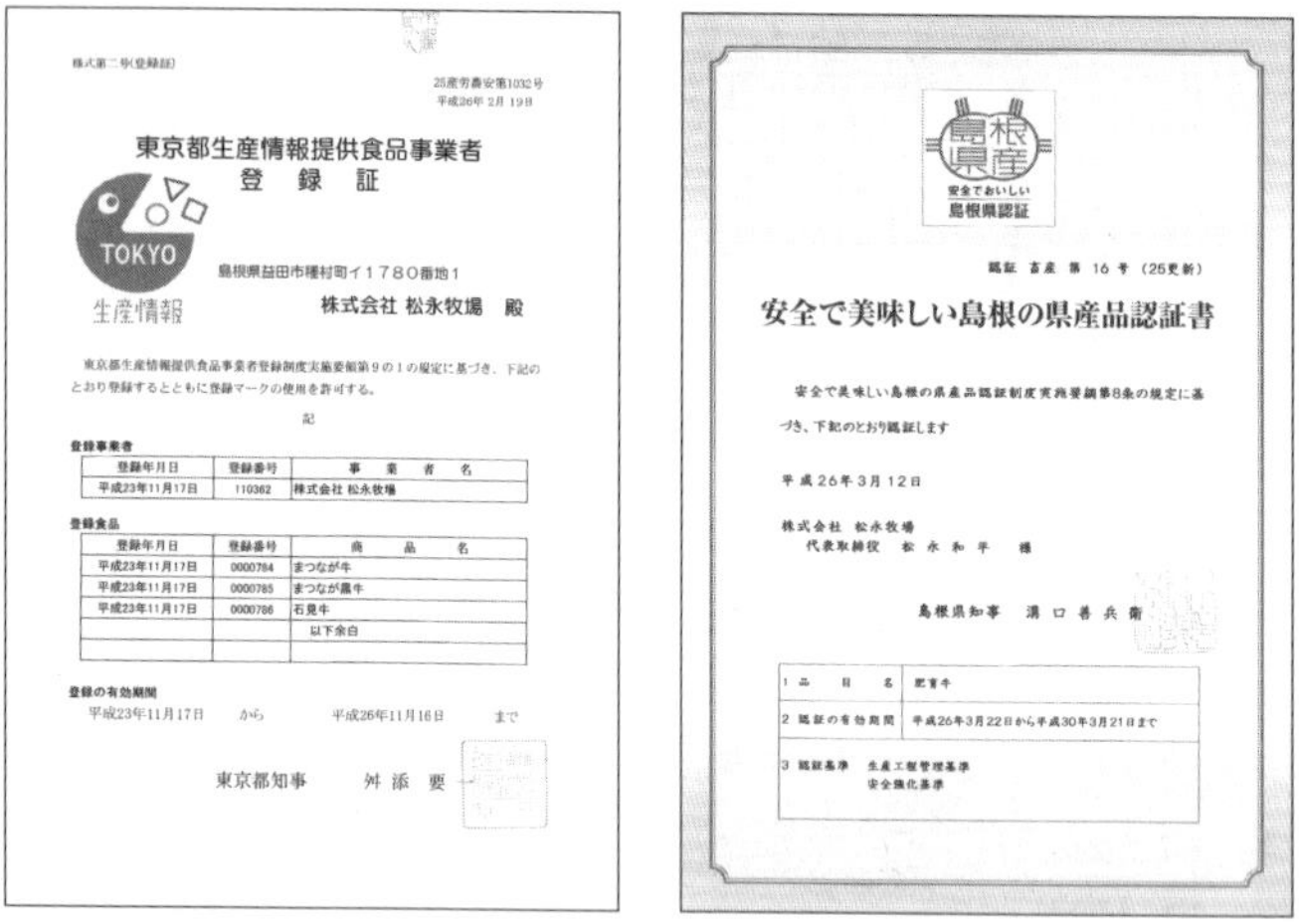

様式第二号(登録証)

25産労農安第1032号
平成26年2月19日

東京都生産情報提供食品事業者
登　録　証



島根県益田市種村町イ1780番地1
株式会社 松永牧場　殿

東京都生産情報提供食品事業者登録制度実施要領第9の1の規定に基づき、下記のとおり登録するとともに登録マークの使用を許可する。

記

登録事業者

| 登録年月日 | 登録番号 | 事　業　者　名 |
|---|---|---|
| 平成23年11月17日 | 110362 | 株式会社 松永牧場 |

登録食品

| 登録年月日 | 登録番号 | 商　品　名 |
|---|---|---|
| 平成23年11月17日 | 0000784 | まつなが牛 |
| 平成23年11月17日 | 0000785 | まつなが黒牛 |
| 平成23年11月17日 | 0000786 | 石見牛 |
| | | 以下余白 |
| | | |

登録の有効期間
平成23年11月17日　から　平成26年11月16日　まで

東京都知事　舛添　要一



認証 畜産 第 16 号 (25更新)

安全で美味しい島根の県産品認証書

安全で美味しい島根の県産品認証制度実施要綱第8条の規定に基づき、下記のとおり認証します

平成26年3月12日

株式会社 松永牧場
代表取締役　松永和平　様

島根県知事　溝口善兵衛

| | |
|---|---|
| 1 品目名 | 肥育牛 |
| 2 認証の有効期間 | 平成26年3月22日から平成30年3月21日まで |
| 3 認証基準　生産工程管理基準<br>安全強化基準 | |

図9　「美味しまね認証」(右) と「東京都生産情報提供食品事業者登録証」(左)

れていないと公表できないという厳しいものである。

それに加えて島根県の「美味しまね認証」、東京都の生産情報提供食品事業者登録制度の認証も取得した。「美味しまね認証」は、生産から出荷までの各段階において、さまざまなリスクを回避し、安全でおいしいことに十分配慮した作業・管理が行われていることを認証する制度である。東京都の生産情報提供食品事業者登録制度では、食の生産、製造の情報の提供に取り組む食品事業者とその食品を東京都が登録し、一般に公開する。また食品事業者が食品に登録マークを表示することなどで、生産情報が明らかな、安心できる食品の目安となる。

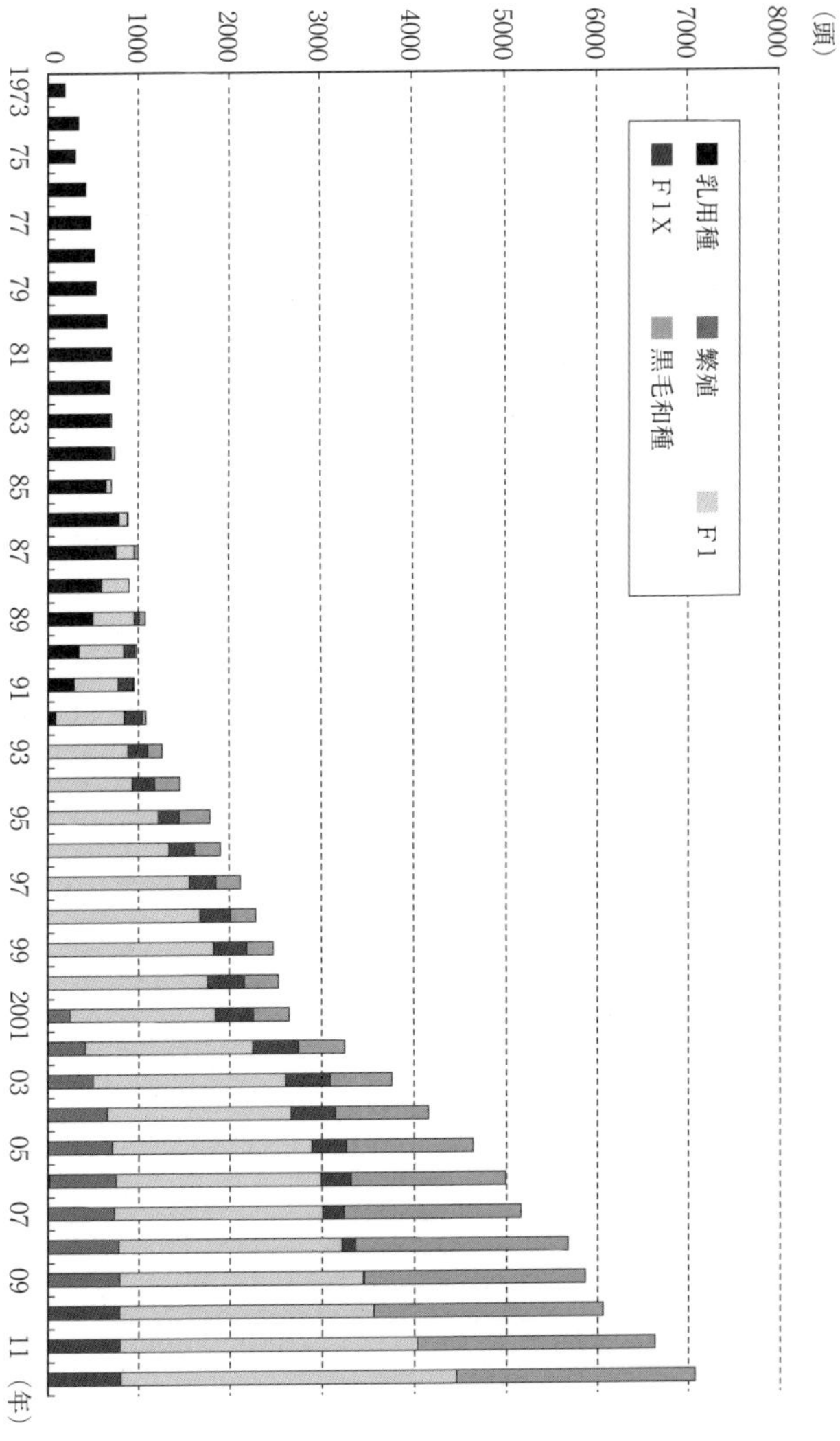


図10　株式会社 松永牧場　品種別頭数の推移

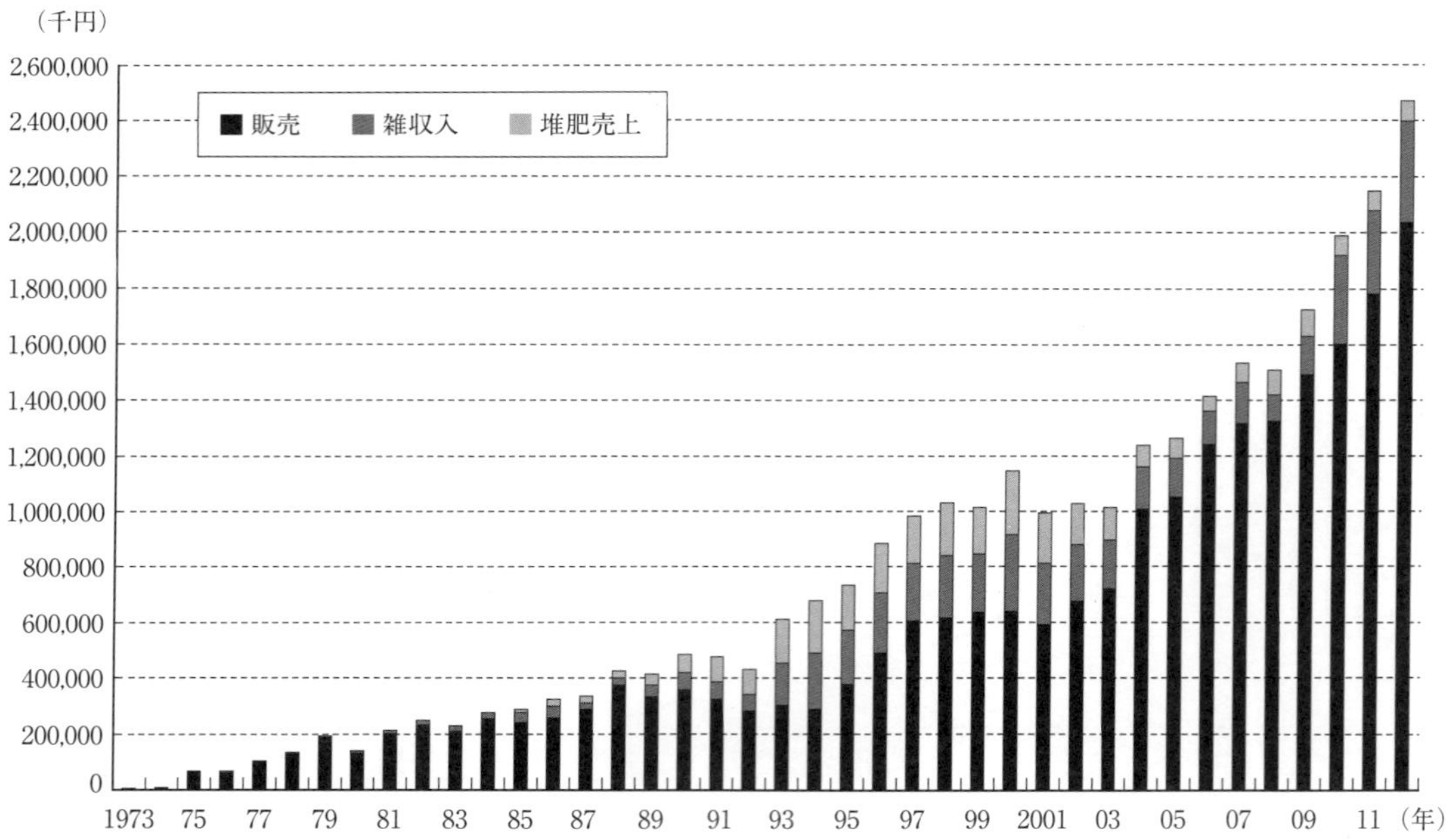


図11　株式会社 松永牧場　項目別収入の推移

## ホルモン剤と抗生物質

アメリカ、カナダ、オーストラリアなどでは、ウシの成長促進を目的としてホルモン剤が使用されている。ホルモン剤には、人や動物の体内に自然に存在するホルモンを製剤とした自然型と化学的に合成される合成型があるが、どちらも認められている。これに対して、ヨーロッパでは成長促進を目的としてホルモン作用を有する物質をウシに使用することを禁止し、これらを使用した牛肉および肉類製品の輸入も禁止している。それは、発ガン性の疑いがあるといわれているからで、とくに子宮体ガンなどのホルモン依存性ガン発生数の増加と関係があるといわれている。

また成長促進ホルモンのため、子供の成長にも影響するともいわれている。日本では、一九六〇年代から去勢牛の肥育促進等で天然型ホルモン剤のみ承認されていたが、一九九九年以降、承認が取り下げられ使用されていない。現在、我が国で承認されているホルモン剤は、家畜の繁殖障害の治療や人工授精時期の調節目的のみに使用されている。ヨーロッパで使用も輸入も禁止された牛肉が、日本では、使用は禁止だが輸入は良いというのは、生産者としても消費者としても納得がいかない問題ではないだろうか。

もう一つの問題は、抗生物質の問題である。ヨーロッパでは、人や動物の健康を損なう恐れがあるとして、家畜の成長促進や病気予防を目的に使用されたモネンシンを含む抗生物質が禁止されている。しかし、アメリカ、カナダ、オーストラリアなどでは、飼料に添加して与え出荷された肉は、「基準値以内だから安全」と発表されている。ヨーロッパでは禁止されている以上、いくら基準値以内であってもゼロに限りなく近くなければ問題視される。

日本では、モネンシンの使用が認められている。モネンシンは、イオノフォアと呼ばれる細胞膜の生理活性を支配する抗生物質の一種で、本来は、鶏コクシジウム症の治療薬である。これがウシの飼料に含まれると、飼料の利用性が高まり、発育が良く、鼓膨症（お腹にガスがたまること）が減少する。これは、ウシの第一胃内で微生物がモネンシンに反応し、経済的に好ましい結果が出るのである。それで日本においても牛肉の生産性を高める目的で、飼料への添加が認められているのである。しかし、モネンシンは抗生物質であり、微生物を攻撃するものである。したがって多くの環境中の微生物がモネンシンの攻撃を受けた結果、モネンシンに対する耐性を持った菌が発現する可能性が出てきている。実際に、モネンシンが効かない鶏コクシジウムが発生したり、第一胃内で反応しない微生物が生じたりといった報告も出ている。経験から、モネンシンを与えたウシは、その外見で判断できるものである。通常、和牛の子牛は、生後二八〇日で二六〇〜三〇〇キログラムになるが、モネンシンを与えると、三五〇〜三八〇キログラムになるウシもいる。また、そうしたウシは牛舎に入ると異常に興奮することがある。

松永牧場では、成長促進ホルモンや抗生物質添加飼料を使っていない。これからも使わない。経済優先の牛肉生産ではなく、ヨーロッパのような安全性を求め、環境にも配慮し、ゆったりとしたなかで育つ牛肉生産を目指していきたいと考えている。

## これからの展望

現在ＴＰＰの交渉が進んでいるが、日本の牛肉産業は今後一段と厳しくなると思われる。それに打ち勝つには、品質の良い牛肉を、いかに低コストで作るかが問題になる。そこで松永牧場では、四つの目標をかかげている。

①　子牛価格をいかに下げるか

現在、生産原価の五〇パーセント以上を子牛価格が占めている。これをいかに下げるかが問題となる。繁殖部門で八〇〇頭の子牛生産をしているが、九カ月齢の子牛価格と比較すると六〇パーセントくらいのコストで生産できる。これは平均分娩間隔が三四八日、事故率が一パーセント、また親の飼料費の多くに食品残渣や野草を利用し、職員の人数も常時四~五人で運営しているからである。今後、繁殖部門を倍にしたいと考えており、また素牛確保のために、株式会社メイプル牧場を設立して酪農事業をしている。現在、九六〇頭の搾乳をしている。今年度、一三〇〇頭に増頭して、子牛を確保し、いずれは一五〇〇頭の新しい酪農経営を考えている。これらによって必要子牛の八〇パーセント以上を一貫体制のもとで確保するのが目標である。

② 飼料価格の低減

トウモロコシをはじめ穀類は、世界的な異常気象やエタノール生産、発展途上国の経済発展にともなう食肉消費の増加などで、今後、高値で推移することが考えられる。そこで、今まで産業廃棄物として処分されていた食品残渣を飼料化し、有効利用することが求められる。現在は、酪農部門の五〇パーセント、肥育部門の三〇パーセントに利用している。

③ ウシを健康に育て、事故を起こさない

# 株式会社 松永牧場

**所在地**

〔本社〕 肥育牧場　島根県益田市種村町イ1780番地1　TEL 0856-27-1341

〔分場〕 繁殖牧場　島根県益田市種村町イ1984番地1　TEL 0856-27-1970

**関連会社**

農事生産法人 ㈱メイプル牧場　島根県益田市黒周町ロ1246番地3　TEL 0856-29-8050

株式会社 石見ｳｯﾄﾞﾘｻｲｸﾙ　島根県益田市種村町イ1780番地1　TEL 0856-27-1112

農業生産法人 ㈱萩牧場　山口県萩市大字中小川2750番地1　TEL 08387-4-0779

株式会社 ｿｰﾗｰﾌｧｰﾑ　島根県益田市種村町イ1780-1

株式会社 楓ｼﾞｪﾗｰﾄ　島根県浜田市三隅町向野田721-7　TEL 0855-32-5200

**会社設立**　昭和48年8月29日

**資本金**

| | | |
|---|---|---|
| 株式会社 | 松永牧場 | 1,194万円 |
| 株式会社 | メイプル牧場 | 5,010万円 |
| 株式会社 | 石見ｳｯﾄﾞﾘｻｲｸﾙ | 3,000万円 |
| 株式会社 | 萩牧場 | 1,000万円 |
| 株式会社 | ｿｰﾗｰﾌｧｰﾑ | 5,050万円 |
| 株式会社 | 楓ジェラート | 350万円 |

**業務内容**　肉牛の繁殖・肥育・牛糞堆肥の製造、販売
飼料作物の生産・食品残渣の飼料再生

**売上実績**　(株)松永牧場・・・H24. 1. 1～H24. 12. 31　2,334,367千円

**構成員**　5名

**従業員数**　社員22名　パート1名

**経営の特徴**

**1）大規模経営を生かし、関連企業と連携した経営**

・肥育素牛の確保（メイプル牧場）、予防衛生（大動物診療所）

・敷量安定確保（石見ウッドリサイクル、安野産業）

**2）未利用資源の有効活用**

・おからを利用した低コスト飼料生産と地域内供給

・地域の集落営農組織との堆肥・稲藁交換

・河川敷下草の有効利用

**3）JAS認証牛の出荷**

・生産情報公表牛肉JASによる、消費者の安全・安心ニーズへの対応

図12　株式会社 松永牧場の会社概要

# 農事組合法人松永牧場 環境方針

＜基本理念＞

農事組合法人松永牧場は、農業が地域環境に大きく依存している産業であると考えています。

要員一人一人が、地域との共存共栄を念頭に、環境にやさしい循環型農業を実践します。

循環型農業のなかで、消費者の方に安心して食べていただける牛肉を生産いたします。

＜環境方針＞

1．法規の遵守
当牧場の環境側面に関連する法律、規制、協定等を遵守し一層の環境保全を図ります。

2．資源・エネルギーの節約
食品製造副産物を最大限利用して、資源・エネルギーの効率的利用を推進します。

3．環境保全活動の推進と地域との共存共栄
牛糞の堆肥化による循環型農業を実践します。

堆肥の地元への販売や地元食品工場からの食品製造副産物受け入れによって環境保全を推進します。

牛肉祭り等のイベントを通して地域交流を推進します。

4．環境保全活動と食の安全
食品製造副産物利用による環境保全活動を通して、牛肉の安全性の向上を図ります。

5．啓蒙活動の推進
要員一人一人が環境問題を十分認識し、具体的な行動がとれるように啓発活動を推進します。

6．環境マネジメントシステムの継続的な改善
基本理念に基づき、当牧場の環境マネジメントシステムを継続的に改善します。

7．環境方針の周知徹底と公表
全要員への教育を通じて、この環境方針を周知徹底します。

この環境方針は、ホームページ上で公開いたします。

2005年7月1日
農事組合法人　松永牧場
代表者　松永和平

図13　松永牧場の環境方針

有限会社益田大動物診療所を立ち上げ、病気の予防対策を重点に診療体制を作った結果、事故率一パーセント未満を達成することができた。事故を減らすことは経営にとって直接の数字としては出ないが、純損失を減らすことになる。

④　消費者に安心して必ず買ってもらえる対策

牛肉は、今までＢＳＥ、口蹄疫、食中毒等々で消費も落ちてきた。牧場内や生産履歴を公開するなど、少しでも消費者に理解してもらい安心して購入してもらえる環境作りも大切である。益田市は五万人を切った小さな市だが、毎週四頭以上の「まつなが牛」が消費されている。消費者の理解を得ることも生産者のつとめである。

今後、いろいろな事業展開をするため、二〇一三年、経営形態を農協法の農事組合法人から商法の株式会社へと変更した。それは、複数の会社経営や経営移譲、若い人たちの経営参加が農協法では難しいからである。本来、農協法における法人というのは、三戸以上の農家が共同で農業経営をするために定められたものである。出資や責任の大きさに関係なく、組合員一人一票制であり、全員が法人の農業生産に参加しなくてはならない。今、経営している会社は、株式会社松永牧場を中心に株式会社メイプル牧場、株式会社萩牧場、株式会社石見ウッドリサイクル、株式会社ソーラーファームである。これからは、若い人たちを育て、経営にも参加してもらい、安定した経営を目指していきたいと思っている。

農業は、まだ成熟した産業になってはいない。だから、農業は楽しく、まだまだ発展の余地がたくさんあるのだと思う。

# 第4章　ブタはどこから来てどこへ行くのか

## ――イノシシからブタへ・育種改良の現状と今後――

佐藤正寛

佐藤正寛

（さとう　まさひろ）

1959年，東京都生まれ。
国立研究開発法人農業・食品産業技術総合研究機構　畜産草地研究所上席研究員。


---

東北大学農学部卒業，同大学院博士前期課程修了，農学博士。長年，ブタを始めとする家畜育種学の理論研究に従事。農林水産省畜産試験場，同農業生物資源研究所を経て現職。
主な著書・論文に，「選抜指数の話」，「最良線形不偏予測の話」（養賢堂『畜産の研究』に連載）など多数。

---

# 1　イノシシからブタへ

## イノシシはいつブタになったか

ブタはイノシシを家畜化したものである。イノシシはヨーロッパからアジア一帯、アフリカやアメリカ大陸、オーストラリアの一部地域に生息している。このうち、アメリカ大陸やオーストラリアにみられるイノシシは、ブタが野生化したものである。分類学上、イノシシは哺乳動物綱、偶蹄目、イノシシ科、イノシシ属、イノシシ種に分類される。さらに、ヨーロッパ系イノシシ八亜種とアジア系イノシシ一七亜種に分類され、わが国にはアジア系イノシシであるニホンイノシシとリュウキュウイノシシが生息している。イノシシとブタは同一種であり、学名も同じである。

ウシ、ウマ、ヤギ、ヒツジなどは狩猟民族が家畜化したのに対し、ブタは農耕民族が家畜化したと考えられている。ブタは草のみで飼育できる前者とは異なり、また長距離の遊牧には不向きであるため、遊牧民には受け入れられなかった。さらに、ブタは暑熱や乾燥に弱いため、その飼育には森や大量の水、定住のための小屋が必要で、草原や砂漠を移動する遊牧民にブタの飼育は困難であった。ブタは木の根、雑草、小動物、昆虫などのほか、人の残飯や排泄物をエサとし、食料の安定生産が可能な農耕社会の中で受け入れられていった。

農耕社会は人口の増加にもつながっていく。狩猟という手段だけでは十分な食料が得られなかった人類は、やがて野生動物を家畜化することで、より安定的な食料を確保しようとした。野生動物は家畜化されることで、エサを求めて野山を歩き回ったり、外敵から逃れる必要がなくなる。家畜がその分のエネルギーを体に蓄積することは、人間にとっても好都合であった。

ブタに限らず、有史時代以前の動物が家畜化された正確な年代を計り知ることは難しい。古代の壁画を除けば、家畜化の年代を探る手がかりとなるのは、唯一出土した動物の骨である。しかし、分類学的にイノシシとブタを分けることができない以上、骨だけで野生動物と家畜を区別することはできない。同じ家畜でも、イヌやウマは埋葬方法がブタと異なる場合がある。ブタは単に食用や被毛用として利用されてきた。一方、イヌは狩猟や番犬などに、またウマは荷物や人の運搬、農耕などに利用されていたため、ブタに比べ日頃から人間との関係が密であった。そのため、イヌやウマは主人である人間と一緒に埋葬されることがある。このような埋葬方法の違いにより、出土された骨から家畜化された年代を推定することができる。

ブタが家畜化された年代を探る手がかりの一つに、出土した年齢がある。狩猟民は動物の飼育技術を持たないため、狩りによって得た動物をその場で食用にする。その中にはまだ未成熟な子供が含まれていることもある。しかし、家畜化され、人に飼育されている動物は、ある程度の大きさに成長するまで肉として利用されることは少ない。したがって、家畜化された動物の骨は、野生動物に比べて年齢構成のバラツキが小さい。

イノシシの家畜化は、人類が農耕定住生活を始めた一万三〇〇〇年から一万二〇〇〇年前以降のことである。また、ヨーロッパ、西アジア、中国など、それぞれの地域で独自に家畜化されたと考えられている。ヨーロッパでは紀元前七〇〇〇年後半の新石器時代の地層から、ムギなどと一緒にブタの骨が出土されており、この頃にはブタが飼育されていたと推察されている。また、ＤＮＡの分析結果でも、ブタは約九〇〇〇年前に家畜化されたという報告がある。ブタは野生種であるイノシシが現存しており、今後、新たな骨の発掘やＤＮＡ分析がすすめられることにより、ブタの家畜化の歴史は塗り替えられていく可能性が高い。

## 外貌の変化

現在わが国で飼育されているブタの多くは、欧米原産の品種である。ブタの品種には、毛色や耳の形などに外貌上の違い、体の大きさや産子数（生まれてくる子供の数）などに能力の違いがある。また、同じイノシシでもヨーロッパ系とアジア系とでは、外貌上の特徴が異なる。したがって、ブタとイノシシを単純に比較することはできないが、同一種といっても両者には多くの違いがみられる。

外貌をみると、イノシシの毛色は基本的に褐色であるが、ブタは、白色、赤褐色、黒色、帯や斑の入ったものなどさまざまである。また、耳や尻尾の形の違い、イノシシには生まれたときにウリボウとよばれる縞模様があるのに対し、ブタにはそれが見られないなどの違いがある。さらに、野生動物であるイノシシは前躯が発達しているのに対し、ブタは多くのハムやベーコンを得るため、腿が太く腹が厚い胴長の体型になっている。また、ブタはイノシシに比べ、下顎骨が短く、犬歯も退化している。

イノシシとブタには、表1に示したような能力の違いがある。発育性において、イノシシは一〇〇キログラムになるまでに一年以上を要するが、欧米品種のブタは約半年で一〇〇キログラムに達する。これは体型の大型化に向けた改良が体長を長くし、結果として腸

表1　イノシシとブタの平均的な能力

| | イノシシ | ブ　タ |
|---|---|---|
| 体　長 | 140cm | 200cm |
| 体　重 | 140kg | 350kg |
| 100kgになるまで | 12カ月 | 6カ月 |
| 出産の季節 | 春（4〜5月） | 周年（年2回） |
| 産子数 | 4〜5 | 10〜12 |

管が長くなり、飼料利用性が向上したものと考えられている。同じエサを与えた場合でも、ブタはイノシシの二倍以上のスピードで発育することからも、ブタが飼料利用性の高いことは明らかである。

イノシシは季節繁殖で、一般に春に分娩する。このとき分娩できなかった雌は、秋に分娩することがある。ただし、リュウキュウイノシシなどの南方系のイノシシは、年に二回分娩することがある。しかし、いずれも繁殖シーズンがあり、ブタのように一年中いつでも繁殖できるわけではない。また、イノシシは生後二年目にならないと繁殖しないため、一世代あたり最短二年を要する。一方、ブタは四、五カ月で発情し、産業的には約八カ月で交配し、一一四〜一一五日の妊娠期間を経て分娩するため、最長でも年一世代で回転する。さらに、イノシシは一回の分娩で五頭前後の子供を生むが、ブタは一〇頭前後、多いものでは一五頭以上の子供を生むため、平均的に年間で二五頭前後の子供を生むことになる。

このように、外貌、発育性や繁殖性などの能力は、どのくらい時間をかけて変化してきたのだろうか。実は、遺伝学に基づいてブタの育種改良が本格的に始まったのは、二〇世紀半ば以降のことである。しかし、人類が遺伝学や家畜育種学を体系化する以前、つまり遺伝という現象やその正体である遺伝子の存在が不明確だったはるか昔から、イノシシはブタに向かって変化してきた。

野生動物が家畜化されたときの最大のメリットは、人間の庇護の下でエサの心配がいらなくなることと、外敵から襲われる心配がなくなることである。この二つはイノシシがブタとしての能力を身につけることと密接に関係し、中でも外貌と繁殖性が変化することへの影響が大きい。

イノシシの子供である縞模様のウリボウは、保護色として外敵から身を守る。また、イノシシの黒褐色の毛色も森林の中では目立たない。したがって、突然変異で白色のイノシシが生まれた場合、自然界では不利に働く。しかし、家畜化されたブタの中から白色の突然変異が生まれても、外敵の心配がないばかりか、人目につきやすいほうが飼育管理上都合がよい。さらに、人間の好奇心が加わり、珍しい外貌のブタを残していった結果、毛色の多様性、耳や尾の形などに変異のある遺伝子が固定していったと考えられる。

## 能力の変化

野生動物が家畜となる上での重要な要素の一つに「飼いやすさ」がある。一般に肉食動物や人間とエサが競合する動物は、家畜としては不向きである。しかし、イヌのようにオオカミを家畜化したものもある。野生では凶暴であっても、人間の下で馴致することができれば、家畜化は可能である。イノシシもそのような動物の一種であり、特に幼少期から飼い始めることで、人間の管理下におくことができるようになった。イノシシは食肉用の動物であるから、飼育しにくい凶暴な個体は優先的に食肉利用される。「飼いやすさ」という性質が遺伝するのであれば、残された温順な個体の子孫が家畜として生き残っていく。このように、人類が遺伝という現象を理解しなくても、自然選択的に温順な性格を持つ子孫が大勢を占めていく。

野生動物は本能的にできるだけ多くの子孫を残そうとする。通常、イノシシは五頭前後の子供を生む。もし、イノシシがブタのように十頭前後の子供を生めば、子宮の容量に限りがあるため、生まれてくる子供一頭あたりの体重は小さくなる。また、母乳の量にも上限があり、子供が多ければ哺乳中や離乳後の子育てには多くのエサを必要とする。さらに、子供の数が多くなると、子供の体重が小さいうえに哺乳期の発育に時間がかかり、外敵に狙われやすくなる。一方、子供の数が少なければ、大きく生まれて早く育つものの、絶対数が少ないため、子孫の繁栄は望めない。このように外敵がいる自然界では、子供の数は多すぎても少なすぎても不利に働くのである。

一方、人間の飼育下では、外敵やエサの心配がない。仮に産子数が二頭と八頭の母親がいたとして、この中から次世代の親を無作為に一頭選ぶとき、産子数が八頭の腹から選ばれる確率は二頭の腹から選ばれる確率よりも高くなる。産子数は遺伝するため、このようなことが長い間繰り返されることで、子供の数は自然に増加する。すなわち、産子数が五頭前後であったイノシシも、人間の庇護の下では、長い年月をかけて産子数が増加していくのである。

中緯度から高緯度地方では、多くの動物が春から夏に出産する季節繁殖動物であり、イノシシも一般に晩春から初夏に出産する。しかし、ブタはイヌやウシ、ニワトリなどと同様、季節を問わず発情し、子供を生むことのできる周年繁殖動物である。周年繁殖動物は、一年中気候が安定している熱帯地方や、亜熱帯地方に生息する動物に多くみられる。一方、

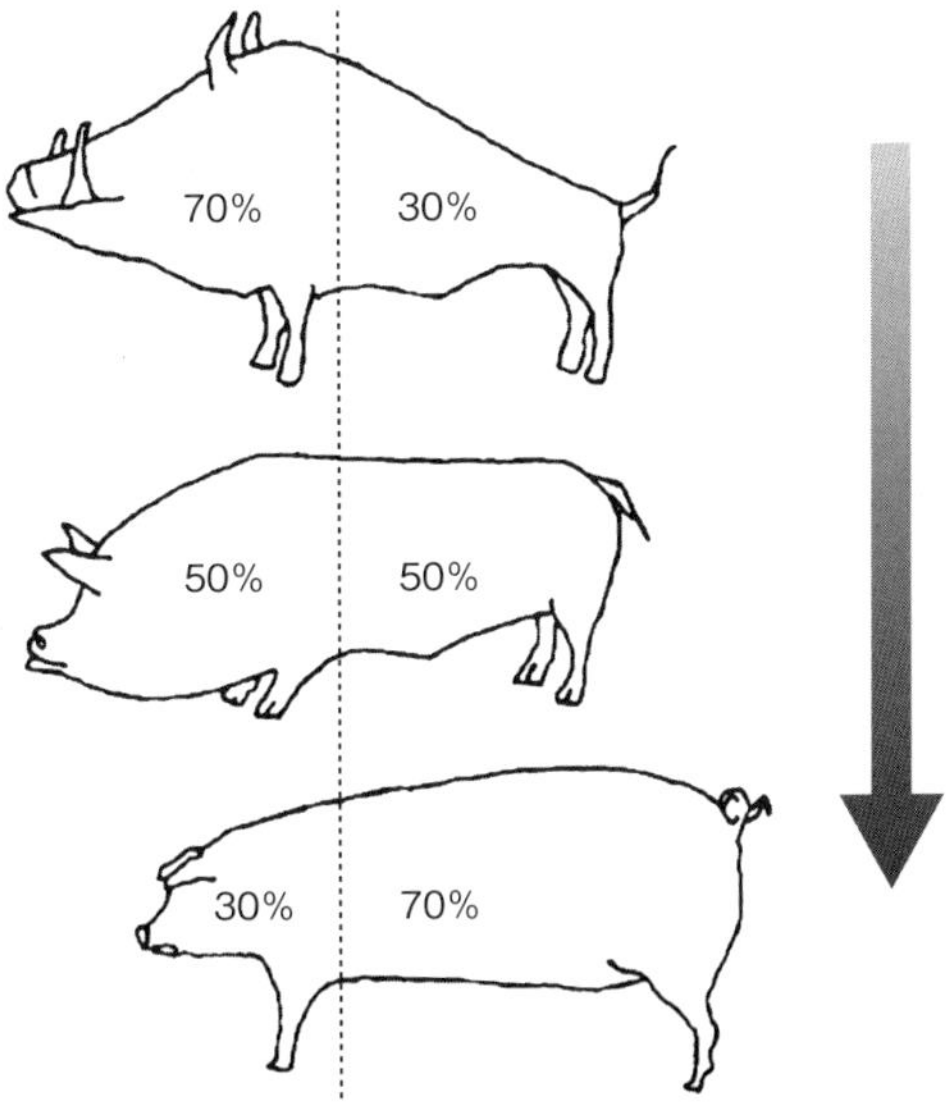


図１　イノシシからブタへの体型変化
出典：正田陽一編『品種改良の世界史・家畜編』悠書館，2010年

季節繁殖動物は、一般にエサが豊富で子育てに向いている春から夏にかけて子供を生む。エサの心配のない人間の飼育下で、イノシシは周年繁殖であるブタへと変化し、またそのような個体が人間に好まれ、子孫を増やしていった。

遺伝という知識がなくてもブタの能力が向上するもう一つの例として、発育性があげられる。同時期に生まれた子供のうち、最も早く性成熟に達したブタは、雌であれば早く妊娠し、雄であれば精子の提供者となる。一方、発育の遅いブタは、妊娠しないことを理由に食用にまわされてしまうかも知れない。このように、人為的に能力の高いブタを残そうとしなくても、繁殖性や発育性の高いブタは、自然選択的に他のブタより多くの子孫を残すことになる。

さらに、発育性に関連する形質として、体型の変化があげられる。ブタは食肉用家畜であるため、頭部よりも可食部である筋肉や脂肪量の多い肩から尻にかけての割合の高い個体が好まれる。野生のイノシシと現在飼育されているブタを比較すると、その差は歴然としている（図1）。

## 禁止された養豚、嫌われる豚肉

現在、世界には数多くのブタが飼育されているが、養豚先進国で飼育されているブタは、ほとんどが一九世紀以降にヨーロッパやアメリカで作出された改良品種（後述）である。改良品種作出のベースとなったのは、在来種といわれる集団である。在来種とは、家畜化以降、血液交流が少なく、長い間特定の地域の中で交配が繰り返され、外貌や能力が類似した血縁集団のことである。

ヨーロッパの在来種は一八世紀に中国豚との交雑が進み、当時の姿のまま現存する在来種は存在しない。わずかに、ハンガリーなどで飼育されている長い毛が特徴のマンガリッツァや、高級肉として市場に出回っているイベリコ豚などが、一八世紀以前の在来種の面影を残している。

もともとヨーロッパの養豚は南西アジアから伝わったとされるが、ヨーロッパを起源とする品種は、南西アジアから持ち込まれたブタではなく、ヨーロッパイノシシを主な起源としているようだ。養豚が伝搬する過程で、南西アジアのブタが持ち込まれ、さらにヨーロッパイノシシが家畜化する過程で、南西アジア産のブタとの交雑が行われたとも考えられる。しかし、DNA解析の結果、南西アジア産のブタは消滅したという報告があることから、南西アジアから導入されたブタは、ヨーロッパの寒冷な気候には向いていなかったのかも知れない。

一方、イスラム教やユダヤ教では、宗教的な理由から豚肉を口にすることはもちろんのこと、その成分を含んだ食品もタブーとされている。イスラム教やユダヤ教が豚肉を嫌う理由は諸説あるが、家畜化の歴史と関係の深い説もある。その一つに、イスラム教やユダヤ教では遊牧民出身の信徒が多いため、遊牧に適さないブタを嫌うとともに、農耕民族が飼育しているブタを忌み嫌うという説がある。また、ブタの形態的な特徴を理由にする説もある。ブタは反芻動物ではないので、汚れたものはすべて体に回ってしまうとか、首がないので殺すときに苦しい思いをさせてしまうという説である。さらに、ブタは雑食性で人間と同じものを食べるため、生存競争が生じるという説もある。金持ちが豚肉を食べれば、貧乏人に回る食料をブタが食べてしまうことになるため、ブタの生産、つまり養豚そのものを禁止するという説である。養豚のみならず、牛乳や牛肉の生産、養鶏においても多量の穀物を消費しているわが国の畜産業にとっては、真摯に受け止めなければならない教えでもある。

ところで、わが国における養豚はどのようにして始まったのであろうか。わが国には、ニホンイノシシとリュウキュウイノシシの二亜種が生息している。しかし、これらのイノシシを家畜化したという証拠はない。縄文時代と比較すると、弥生時代の遺跡ではシカよりもイノシシが増加する。この原因として、大陸から導入されたブタの混入が指摘されている。古墳時代になると、ブタあるいはイノシシの飼育が行われるようになる。その後、奈良時代になると、殺生を禁じた仏教が伝来し、豚肉の食文化は途絶えることになる。

しかし、日本人の間で一切の食肉が否定されていたわけではない。当初は仏教が庶民に浸透しておらず、また家畜を食することは禁じても狩猟は認められるなど、曖昧な部分も

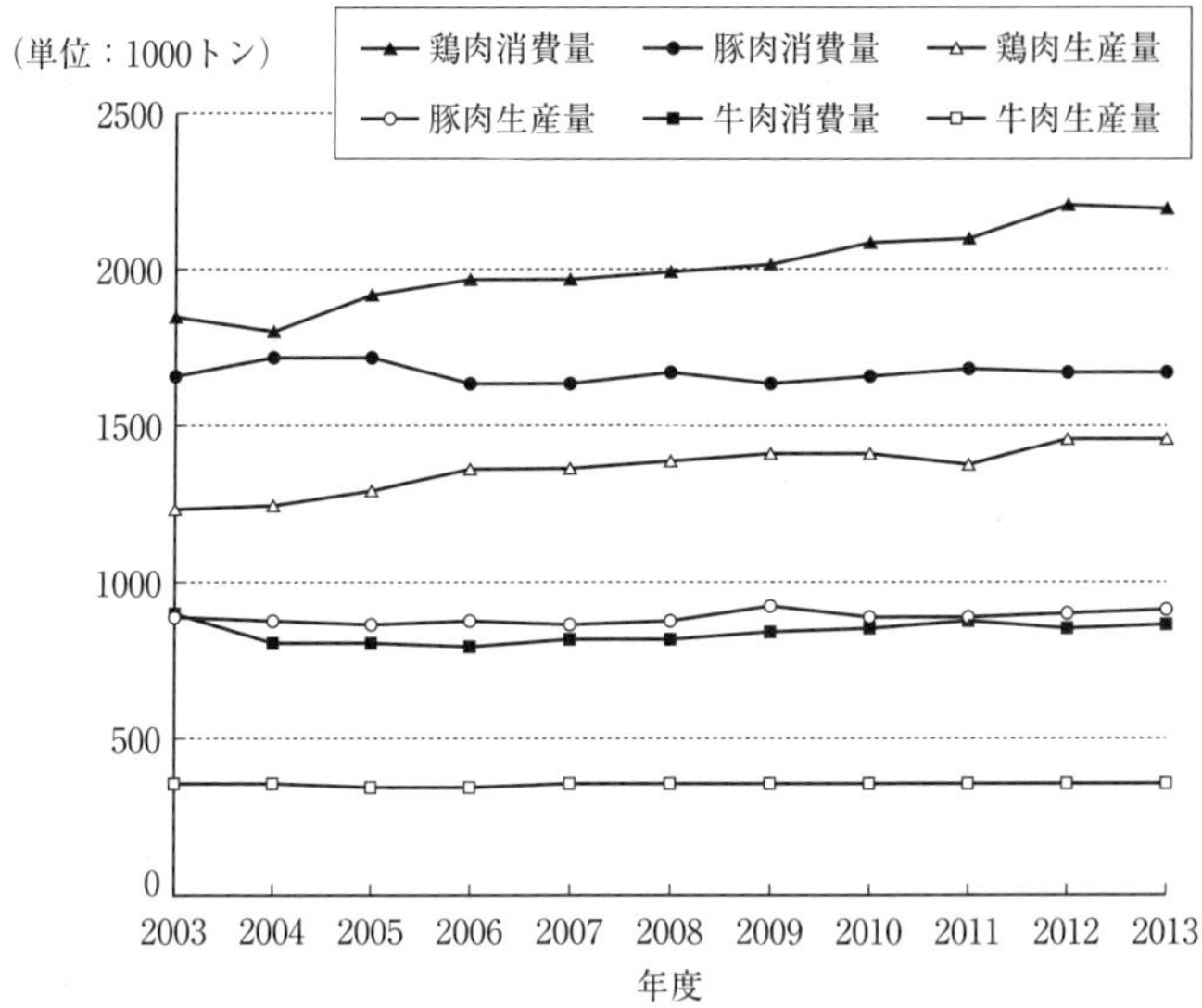


図2　わが国における畜種別消費量と生産量
生産量から消費量を差し引いたものがおおよその輸入量に相当する。牛肉，豚肉は部分肉，鶏肉は骨付き肉ベース。

残っていた。鎌倉時代になると、武士の台頭により食肉の禁忌が薄まり、江戸時代には「生類憐れみの令」が施される一方で、ブタが飼育されていたという記録が残っている。江戸時代の町人文化として、「ぼたん」「もみじ」「さくら」「かしわ」のような隠語があるのは、それを薬食いと称して食べていた証拠にほかならない。このように、食肉に対する紆余曲折は文明開化まで続く。今でこそ、わが国における豚肉の生産量は年間一〇〇万トンに迫る勢いである(図2)。

しかし、明治時代までは、養豚はもちろんのこと、豚肉を食することさえほとんど行われてこなかった。

一方、沖縄では、一四世紀後半に中国から種豚を持ち帰ったのが養豚の起源とされている。その後、そのブタの子孫は特別な改良を加えられることなく増殖され、島豚と称されるようになった。さらに明治時代に入ると、島豚の改良にバークシャー種が導入され、交配による血液の導入と形質の固定が行われていった。これが現在のアグーの起源である。

沖縄や鹿児島の一部を除き、わが国の農家がブタを飼うようになったのは明治維新以降であり、養豚業が産業としての基盤を築いたのは、豚肉の需要が増加した昭和に入ってからである。

## 2　ブタの中のブタ

### 在来種と品種の確立

先に述べたように、野生動物が人間の飼育下におかれることにより、外貌や能力は自然選択的に人間にとって望ましい方向に変化した。その変化のスピードは、次に述べる人為的選抜が加わることで加速した。

「鳶が鷹を生む」「蛙の子は蛙」など遺伝に関係することわざがあるように、本来親子は似ているものだということは昔から経験的にわかっていた。一九世紀末にメンデルの法則が発見されるはるか以前から、人間は自分たちにとって望ましい能力を有する動物を選抜してきたと考えられる。目に見えて産子数の多いブタや発育性のいいブタは、次世代を生産する種豚として残される、いわゆる人為的な選抜が行われた。その結果、高い能力を持つブタの子孫が増えていった。また、雄は子供を生まないため、豚群を維持するために最小限必要な種雄以外は食用にまわされる。雄の頭数が少なくなればなるほど、集団の血縁関係は密になり、遺伝的に斉一性（同質性）の高い集団が形成されていく。特に、地域間で種豚の交流がなければ、そのスピードはますます速くなる。

このように、繁殖性や発育性に優れ、また地域の環境に適した在来種とよばれる斉一性の高いブタが、数千年の時間をかけてヨーロッパや中国各地で作られていった。現在、ヨーロッパの在来種は中国豚との交雑により姿かたちを変え、当時のままの在来種は消滅してしまったものの、中国や東南アジアには山間部を中心に現在でも数多くの在来種が残っている。耳が大きく下垂し、顔がしゃくれた特異的な外貌で、わが国にも輸入されたことで有名になった梅山豚《めいしゃんとん》も、中国の代表的な在来種の一種である。

イギリスでは一八世紀後半に産業革命が起こり、その影響で都市部に人口が集中し始めると、畜産物に対する需要が増加し、家畜の生産性を高めるための育種改良に目が向けられるようになった。中国から輸入されたブタは繁殖能力が高く温順な性格で、これらのブタとイギリスの在来種を交雑し、近親交配を繰り返すことにより、斉一性の高い品種が作出されていった。

イギリスにおける新品種の作出が刺激となり、ヨーロッパ大陸やアメリカにおいても新たな品種が作られるようになった。現在、わが国における肉豚生産のための主要三大品種である大ヨークシャー種、ランドレース種およびデュロック種や、黒豚とよばれるバークシャー種も一九世紀後半に作出された品種である。

ここで特筆すべきは、これらの品種がメンデルの法則の発見以前に作られたということである。当時、遺伝という現象を経験的に理解してはいたものの、系統だった遺伝学や家畜育種学は確立されていなかった。そのような時代に、現在世界中で利用されている品種の基礎が構築されたのである。

## 育種改良と近交退化

産子数や発育の速さは人の目に留まりやすく、また経済的にも重要な形質であることから、長い時間をかけた改良がなされてきた。しかし、一筋縄ではいかない形質も多数存在する。たとえば、飼料の利用性は、発育性だけでなく、エサの量や質の影響を受ける。そこで、この能力を明らかにするためには、どのブタにも同質のエサを与え、エサの摂取量と体重との関連を調べる必要がある。また、筋肉量や脂肪含量は屠殺後に明らかになる形質であるため、もはやそのブタを種豚として用いることができない。そこで、同腹きょうだいの筋肉量や脂肪含量を比較し、自分自身の成績の代わりにきょうだいの成績から能力の高いブタを選抜する。

このような体系立てられた選抜――家畜の育種改良は、メンデルの法則の発見以降に集団遺伝学や統計遺伝学が確立し、データを処理するための演算能力の高い機器が登場するようになったわずか半世紀の間に急速に発展した。ブタの育種改良が本格的に行われるようになった年月は、家畜として飼育されてきたブタの歴史からみると、わずか一パーセントの時間にも満たないのである。

ここで、家畜の育種改良をわが国の代表的作物であるイネの育種改良と比較してみる。

イネは自殖性植物であり、同一個体内で受精（自家受粉）する。自殖性植物は、人工的に異なる品種を交配しても、その後自家受粉を繰り返すことによって、遺伝子は次第に固定され、やがて対となる染色体の遺伝子がすべて同一な近交系となる。近交系の子孫は突然変異がない限り親の遺伝子をそのまま受け継いでいくため、同一の環境下では同一の表現型しか生まれない。そこで、近交系になる以前――遺伝的に多様性のある段階で優良な個体を選抜するという作業を数世代繰り返し、近交系を作出する。その中でも優れた能力を有するものを品種として登録する。新たに作出された能力の高い品種は、長い間栽培され続けることになる。「美味しさ」の代表的な品種であるコシヒカリは、栽培されるようになってからすでに半世紀以上が経っている。

一方、家畜は近親交配を繰り返すと、遺伝病や生殖障害などの悪影響――いわゆる、近交退化が起きやすくなる。そこで、家畜の育種改良は、遺伝的に優れた個体を選抜するという点ではイネと同じであるが、選抜された個体はできるだけ近親を避けるように交配する。イネの品種改良は品種の作出が終点であり、次に新たな改良品種を作出するためには、既存の品種を人工的に交配し、再び新たな品種を生み出す必要がある。しかし、家畜では品種内で選抜と交配が繰り返され、育種改良に終点はない。

余談だが、イネは栽培面積が広がると、親として使われた旧来の品種を駆逐することになり、次の新しい品種を改良する素材をも失うことになる。家畜も特定品種だけが利用され続けると、いずれは遺伝的多様性が失われてしまうだろう。このような中で、遺伝資源の重要性が認識され、現在では遺伝的多様性を保全するため、農業生物資源研究所をはじめとするさまざまな機関で、動植物の遺伝資源が保存されるようになってきた。

## 主要品種の特徴と利用法

ブタは成熟時の体重一つをとってみても、一〇〇〇キログラムを超える大型のものから一〇キログラムに満たないミニブタまで、多様性に富んでいる。わが国で飼育されている主な品種は、大ヨークシャー種、ランドレース種、デュロック種およびバークシャー種の四品種である。他にもハンプシャー種、中ヨークシャー種、梅山豚などが飼育されているが、頭数は少ない。ここでは、わが国で飼育されている代表的な四品種の特徴について触れておく。

大ヨークシャー種（図3）は、イギリス原産の大型白色種で、早熟で繁殖能力や哺育能力に優れている。また、環境に対する適応力に優れ、世界中の多くの国で飼育されている。

図３　大ヨークシャー種

イギリス原産の大型白色品種。耳が大きく立っていて，繁殖能力に優れている。わが国では，三元雑種用の雌系品種としてランドレース種の次に多く飼育されている。（図３～６のイラスト：韮澤実月）

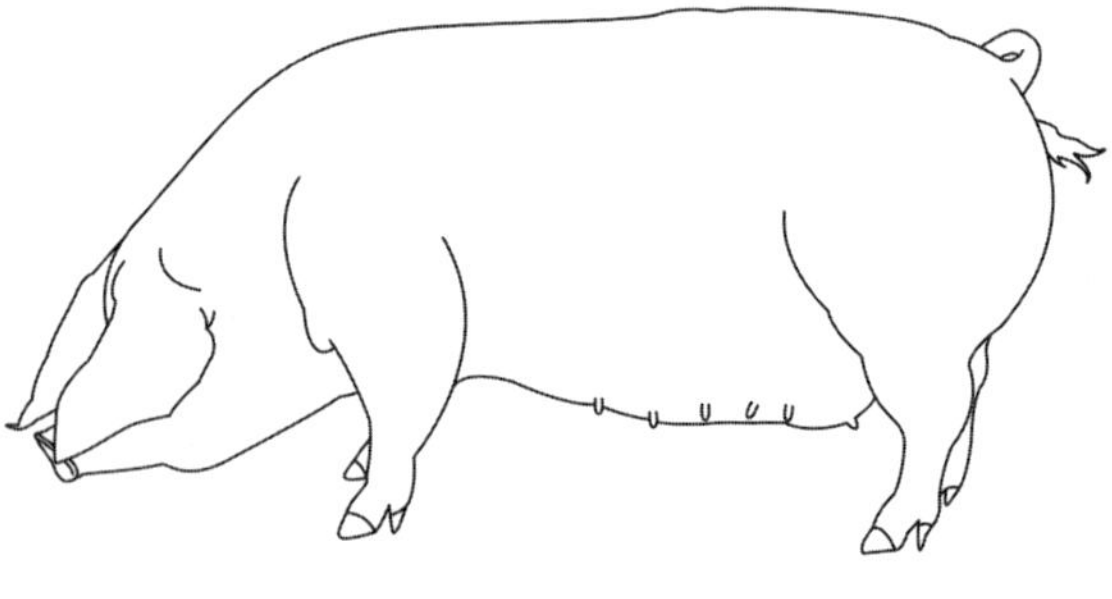

図４　ランドレース種

デンマーク原産の大型白色品種。大きな耳が顔を覆うように垂れ，繁殖能力に優れている。わが国では，三元雑種用の雌系品種として最も多く飼育されている。

ランドレース種（図4）は、デンマークの在来種と大ヨークシャー種を交配して作られたデンマーク産の大型白色種で、世界中に輸出され、それぞれの国で改良が加えられた。胴長で大きく垂れ下がった耳に特徴があり、早熟で繁殖能力が高い。デュロック種（図5）は、アメリカで作出され、赤豚として知られているが、毛色は赤色から黒褐色に近いものまで個体によって濃淡差がある。また、環境適応能力に富み、発育能力や肉質に優れている。バークシャー種（図6）は、イギリスの在来種に中国種を交配して作られたとされている。全身が黒色で、四肢、尾の先端および顔の先が白く、「六白」とよばれる特徴を有する。発育能力や繁殖能力には難点があるものの、肉質に優れている。

これら四品種のうち、バークシャー種は純粋品種（純粋種）を食用のブタ（肉豚）として肥育し、「黒豚」のブランドで差別化商品として流通している。バークシャー種以外の三品種は、次に述べる三元雑種として利用され、純粋種の肉が流通することは少ない。

二種類の純粋種同士を交配して雑種（$F_1$）を作ると、一般にその能力は両親の平均値よりも高くなる傾向にある。この効果を雑種強勢効果（あるいは単に雑種強勢）と呼んでいる。雑種強勢は発育能力にもみられるが、特に繁殖能力に強く発現する。そのため、豚肉生産の多くは、繁殖能力の高い二品種を交配して生まれた$F_1$を雌親とし、発育能力の高い

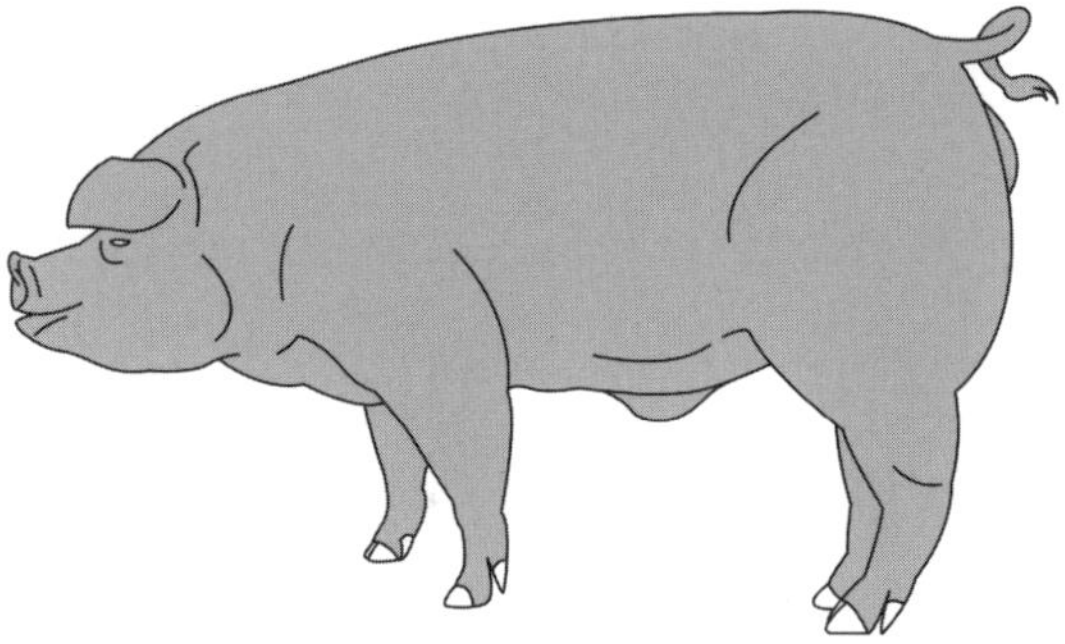

図5　デュロック種

アメリカ原産の大型品種。毛色は赤褐色で，発育能力や肉質に優れている。わが国では，三元雑種用の雄系品種として広く飼育されていることから，種雄豚の品種では最も数が多い。

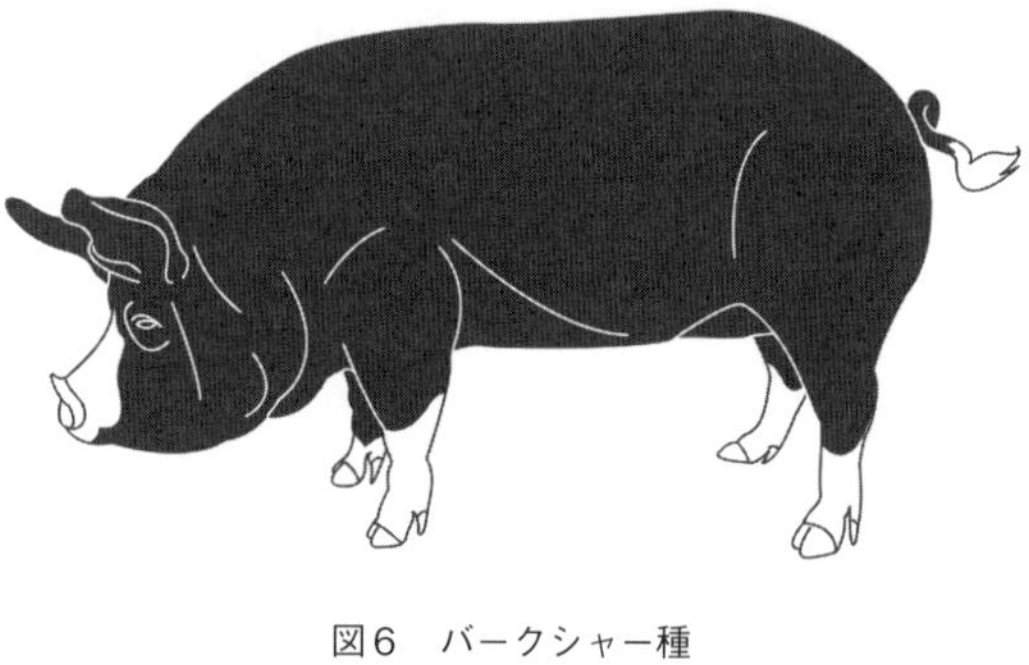

図6　バークシャー種

イギリス原産の中型品種。全身黒色で，四肢の先，鼻と尾の先端が白いことから，黒六白とよばれている。肉質に優れ，黒豚のブランドで流通している。多くの肉豚が純粋種として出荷されるため，わが国の種豚として最も多く飼育されている品種である。

品種の雄を交配して生まれた子供を肉豚として肥育する。ブタは食肉用家畜であるため、発育能力や産肉能力が重視される。しかし、同時に多産でもあるため、産子数などの繁殖能力も重視されるので、このような生産方式がとられている。

ここで注意したいのは、$F_1$の能力は「両親の平均値プラス雑種強勢」であって、「両親のいいとこ取りプラス雑種強勢」ではないということである。たとえば、繁殖能力に優れた品種と発育能力に優れた品種の$F_1$は、繁殖能力と発育能力のどちらもが優れているのではなく、繁殖能力も発育能力もそれぞれが両親の平均値で、それに雑種強勢が加わった能力になる。植物ではトウモロコシのように、この両親の子供とは思えないような両親の平均値をはるかに上回る雑種強勢が現れることもあるが、家畜の雑種強勢は一般に両親の平均を五～一〇パーセント程度上回るくらいの発現量にとどまることが多い。

先に述べたランドレース種と大ヨークシャー種はともに繁殖能力が優れていることから、それらの$F_1$を雌親として利用する。こうすることで、ランドレース種や大ヨークシャー種の持つ優れた繁殖能力に加え、その雑種強勢が期待できる。一方、デュロック種は発育能力に優れていることから、$F_1$の交配相手である種雄として利用することで、生まれてくる子供（三元雑種）の発育も良好となる。なお、ランドレース種や大ヨークシャー種は雌親を

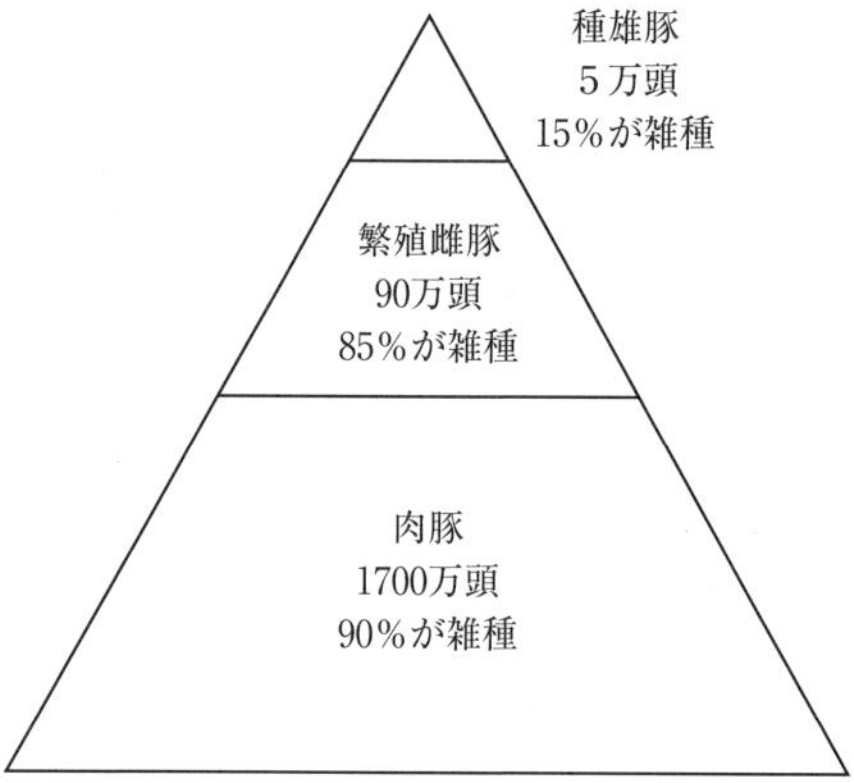


図7　わが国における肉豚生産ピラミッド

繁殖雌豚には$F_1$雑種の原種豚を含む。また，雑種にはハイブリッド豚を含む。

作出するために用いられることから「雌系」、デュロック種は三元雑種の雄親として用いられることから、「雄系」あるいは「留め雄系」とよばれている。雌系および雄系の純粋種を原種豚、雌系$F_1$の雌を繁殖豚、三元雑種を肉豚とよんでおり、生産ピラミッドを形成している（図7）。雌系$F_1$の雄や雄系の雌は繁殖豚として利用されず、一般に肉豚として肥育される。

このように仕分けすることで、それぞれの品種ごとに改良の方向が明確になる。実際、雌系は繁殖能力を中心に改良され、雄系は発育能力や産肉能力を中心に改良が行われている。ただし、雌系は肉豚の発育能力にも寄与することから、雄系ほどではないものの、発育能力の改良も行われている。また、このようなピラミッド構造では、原種豚だけを育種改良すればよいことから、小さな集団で効率的に改良を推し進めていくことができる。多胎動物であるブタでは、すべての形質に優れた一つの品種を育種改良するよりも、雄系および雌系としての能力をそれぞれ育種改良し、さらに雑種強勢が期待できる三元雑種を作出することで、より効率的な肉豚生産を可能にしている。

**系統造成（純粋種の改良）**

ここで、わが国で行われてきた純粋種の改良方法について述べておく。肉豚生産では、一般に純粋種同士を交配して生まれた雑種を利用する。能力の高い雑種を生産するためには、まず純粋種の改良が不可欠である。しかし、同一品種内においても遺伝的なバラツキは大きく、そのため$F_1$雑種の能力にもバラツキが生じる。同腹きょうだいであっても生まれたときの体重にバラツキがあると、その後の発育や出荷日齢にもバラツキが生じるため、飼育管理などに不都合が生じる。そこで、一九六〇年代後半、品種よりも遺伝的斉一性の高い系統の作出（系統造成）が国公立の牧場や試験場でスタートした。

系統造成は、まず能力の優れた種豚を集め、基礎集団を作成する。繁殖豚として雄五頭、雌三〇頭が系統として認定される最小規模であり、平均的には雄一〇頭、雌五〇頭程度の規模で始められた。系統造成では、飼料や衛生管理などをできる限り均一にした飼育環境下において、個々のブタから選抜形質の記録を測定し、これを選抜の指標として用いる。選抜は年一回、同じ季節に行うことで、気温による影響は年次間の変動を除けばほぼ一定となる。選抜されたブタは次世代の種豚として利用され、これを数世代繰り返す。この間、他の群からの種豚の導入を避け、集団内の遺伝的斉一性を高めることにより、系統を作出する。

当初、系統造成における選抜形質は、経済的に重要でかつ比較的改良が容易な、三〇～九〇キログラムまでの一日あたり平均増体重、九〇キログラム時における背皮下脂肪厚（薄いほうが望ましい）やロース芯面積などであった。種豚の遺伝的能力評価には、選抜形質ごとに設定した最終的な目標値と選抜開始時の基礎集団の平均値との差をバランスよく改良するための方法（選抜指数法）が用いられた。

当時、系統の認定基準の一つに、「群内（集団）の平均血縁係数が二〇パーセント以上」というのがあった。血縁係数とは、個体間の血のつながりの強さを示す値で、いとこで一二・五パーセント、異母きょうだいで二五パーセントであるから、認定基準はかなり高い値である。このように、系統造成がスタートした当初は、集団の斉一性が重要視されていた。

一九九〇年代に入ると、系統造成における種豚の遺伝的能力評価には、ＢＬＵＰ法とよばれる手法が用いられるようになった。ＢＬＵＰ法は集団内の複雑な血縁関係を考慮することによって能力評価の精度を高めることができる反面、当時のコンピューターの能力に限界があったことから、ブタではこの頃になって本格的に実用化された能力評価手法である。ＢＬＵＰ法の実用化により、経済的には重要であるものの、それまで改良が困難であるとされてきた産子数や子豚の体重なども、選抜の対象形質となった。

系統造成による長年の改良の結果、純粋種の斉一性が高まってきたことから、系統の認定基準も斉一性重視から能力重視の傾向に変わり、選抜形質も多岐に渡るようになった。二〇一五年までに、五品種で八八の系統（合成系統二系統を含む）が造成されている。このように、系統造成がわが国における種豚の改良と供給に果たした役割には計り知れないものがある。

一方、系統造成にはコストがかかり、また多くの時間と労力を必要とする。系統造成がスタートした当初は、今よりも養豚農家が多く、またその規模も家族経営的なものが中心であった。しかし、最近では養豚農家数の減少により、県レベルでの種豚供給の必要性が問われたり、農家の規模拡大に伴い、種豚の供給が需要に追いつかないなど、国公立の試験場を中心に半世紀に渡って行われてきた系統造成は大きな岐路に立たされている。

### ハイブリッド豚と銘柄豚

わが国の肉豚の約七割は三元雑種であるといわれている。わが国の肉豚の中で、三元雑種の次にウエイトを占めるのがハイブリッド豚である。元来、ハイブリッドとは雑種の意味であり、$F_1$や三元雑種もハイブリッドである。しかし、一般にハイブリッド豚と言った場合、これまでに述べてきた$F_1$や三元雑種とは異なる意味で用いられている。

欧米では二〇世紀半ば頃から、民間の種豚会社が設立され、いろいろな品種を組み合わせて作出された合成豚、いわゆるハイブリッド豚が販売されるようになった。合成豚といっても一種類ではなく、三元雑種または四元雑種（雌系の$F_1$と雄系の$F_1$の子供）の元となる系統を種豚会社がそれぞれ独自に作出し、その$F_1$を農家に販売する。農家は$F_1$に生ませた子供を肥育し、肉豚として出荷する。三元雑種や四元雑種の元となる系統の由来や選抜方法は企業秘密であるため、購入した$F_1$豚から、その元となっているハイブリッド豚の系統を復元することはできないようになっている。

ハイブリッド豚を購入することで、農家にとっては育種改良の手間が省けることになる。しかし裏を返せば、農家は自らが望む種豚を自らの手で育種改良できないことになる。わが国では、このようなハイブリッド豚が肉豚レベルで約一五パーセントを占めている。しかし、近年その割合に大きな変化はみられない。

肉豚の中でも、「銘柄豚」あるいは「ブランド豚」とよばれるものがある。「イベリコ豚」は世界的にも有名な銘柄豚である。品種としては、イベリア種一〇〇パーセントもしくはイベリア種とデュロック種を交配したブタ（イベリア種五〇パーセント以上）のうち、スペイン政府が認証したブタが用いられている。ドングリをエサに使用していることで有名だが、必ずしもドングリによって肥育したブタでなければならないという制限はない。

銘柄豚には、イベリコ豚のように特定の品種や系統を用いたものがある。また、放牧地で運動させたり、豚舎に木屑や発酵敷料を使っているところ、エサに特定のムギやサツマイモを与えたり、ワインや酵母などを混ぜて与えるなど、飼育方法やエサにこだわったものなど様々である。このような銘柄豚は、全国に三〇〇以上存在する。銘柄豚には公的な認証制度がないため、生産者サイドで一定の基準を設け、その基準をクリアした肉豚を銘柄豚と称して販売している。

わが国で「黒豚」のブランドとして出荷されているのはバークシャー種で、黒豚の銘柄は全国に散在する。中でも「かごしま黒豚」は、サツマイモを添加した飼料を与え、鹿児島県産であることなどの定義に基づいて生産されたものだけに与えられた名称である。

三元雑種の留め雄系として用いられているデュロック種の純粋種を肉豚として肥育しているのが「しもふりレッド」である。「しもふりレッド」は発育能力や産肉能力に加え、肉質（筋肉内脂肪）に対しても改良がなされた系統造成豚である。

「トウキョウX」は、肉質が優れているとされる北京黒豚、バークシャー種、デュロック種の三品種を掛け合わせて、合成豚として改良された系統造成豚で、「ＴＯＫＹＯＸ」のブランド名で出荷されている。

「あぐー（ひらがなで表示）」は、琉球在来豚アグー（カタカナで表示）の血が五〇パーセント以上入った豚肉とされている。在来豚アグーは産子数が四〜五頭と少なく、飼育頭数も限られていることから、多くの場合、アグーと他品種間の$F_1$が「あぐー」というブランドで出荷されている。アグーの血が五〇パーセント以上であれば、アグー以外に使用されている品種は問われない。

## ブタのライフサイクル

言うまでもなく、ブタは多産である。ランドレース種や大ヨークシャー種などの雌系品種では、一〇頭以上の子供を生む。ただし、産子数は品種のみならず、産次、季節、交配相手の品種などによって違いが生じる。子豚の生時体重は一・三キログラム前後である。産子数が多い腹と少ない腹がある場合、多い腹から少ない腹へ里子に出されることがある。子豚の免疫力を高めるため、里子に出す場合でも、一〜二日間は母乳を与える。母乳は前方の乳頭の出がいいため、子豚は前のほうに付こうとする。このとき、出生順位よりも生時体重の大きい個体が優先される。ひとたび順位付けが確定すると、子豚はそれぞれが決まった乳頭から乳を吸う。離乳は一般に三週齢で行われ、このときの子豚は五〜六キログラムになっている。

肉豚は生後六カ月頃まで肥育され、一一〇〜一二〇キログラムで出荷される。自農場で出荷した肉豚の枝肉を自社で買い取る民間企業の場合、出荷時の体重はこれよりも大きい場合がある。生体を一一〇キログラムとすると、頭や内臓を除いた枝肉が約八〇キログラム、スーパーで売っている精肉が約五〇キログラムである。豚肉は家計消費が約五〇パーセント、加工仕向けと外食向けがそれぞれ約二五パーセントで、牛肉や鶏肉よりも家計消費と加工仕向けの割合が高い。

　雌豚は生後四〜五カ月で最初の発情を迎えるが、からだの発育が不十分であるため、繁殖に供する場合、通常は八カ月齢、体重一二〇キログラムを目安に交配する。ブタでは「本交」とよばれる自然交配による種付けが行われることもあるが、採取した精液を希釈して人工授精を行うことにより、一回の射精精液で五〜一〇頭の雌に交配することが可能である。そのため、人工授精は種雄の頭数を減らすとともに、優良な雄に対して強い選抜をかけることができるという利点がある。ただし、ウシでは精液の凍結保存が一般的であるが、ブタでは精液を凍結することにより受胎率の低下や産子数の減少を招くため、人工授精には低温保存した精液が用いられている。

　交配後、受胎すれば一一四日（三カ月三週間三日）後に子豚が生まれ、受胎しなければ二一日後に発情が回帰する。一度出産した雌豚は、早い場合だと子豚が離乳してから四〜五日、長くても一七日程度で発情が再開する。その後、雌豚は、交配、妊娠、出産、離乳を繰り返し、三産くらいまで供用されるが、飼育期間は個体や農場によってバラツキが大きく、一〇産を超える雌豚もいる。また、優良な種雄は三〜四歳まで供用されるが、雌豚同様、飼育年数にはバラツキがある。

## 3　これから先のブタ

### 何を改良するのか

産業的に利用されている改良品種の多くは、一九世紀以降に成立している。その後、発育能力を中心に同一品種内で遺伝的能力が改良された結果、発育速度が早まり、体型が大型化した。また、筋肉量が多く脂肪量の少ないブタが好まれるため、背中の皮下脂肪を指標として、脂肪が薄くなるような選抜が行われてきた。わが国における肉豚一頭あたりの枝肉重量は，一九七〇年において平均六四キログラムであったものが、現在では七七キログラムにまで増加している。

生物には選抜限界といわれる上限がある。ブタをいくら改良してもゾウのように大きくすることはできない。また、仮にブタをそこまで大きくできたとしても、扱いにくいだけで、家畜としてのメリットは見あたらない。むしろ、同じエサを与え、一定期間内により早く、より大きくなるブタが望ましい。また、同じ大きさのブタであれば、骨や内臓、皮下脂肪などよりも、筋肉量の多いブタが好まれるし、同じ筋肉量であれば、ハム（モモ肉）

よりもロースやバラの多いブタのほうが好まれる。

最近では、選抜による改良が難しいとされてきた産子数や離乳頭数など、繁殖能力の改良が進められている。また、ブタは個体によって乳頭数に違いがあり、雌系では乳頭数の多いブタに対して人為的な選抜が働いている。さらに、牛肉で霜降り肉が珍重されるように、ブタの肉質改良のため、筋肉内脂肪含量を重視した選抜、保水性や肉の柔らかさの選抜など、肉質に関する様々な形質に着目した選抜も行われている。また、肉質に関する他の選抜指標として、肉色、ｐＨ、脂肪酸組成など、消費者に対する指向性や肉の保存性、それらの遺伝性や他の形質との関連性なども研究されている。

ブタは食肉用家畜であることから、発育能力、飼料利用性、繁殖能力、肉質などの関連形質に目が向けられる。しかし、生産者としては、飼育管理上、足腰がしっかりして、病気にかかりにくいブタが望ましい。消費者にとっても、健全に育成された健康な豚肉を食べたいと願っている。

ところが、ブタの育種改良が発育能力を中心に行われてきたことから、体を支える肢蹄の発育が体全体の発育に追いつけず、足腰の弱いブタが現れるようになってきた。特に、繁殖豚は子供を取るために長期間飼育されるため、その間の体重増加により、自分自身の体重を支え切れなくなることがある。そこで、肢蹄の太さや柔軟性、体全体のバランスといった形質と肢蹄の強さとの関係を明らかにするとともに、肢蹄の強さを指標にした選抜が試みられている。

近年の規模拡大による飼育頭数の増加に伴い、肉豚の飼育密度が高まった結果、多くの慢性病が蔓延し、発育速度や繁殖能力の低下を引き起こすようになった。慢性疾患の対策としては、ＳＰＦ化（豚やその飼育農場に、あらかじめ指定された病原体がないような状態にすること）、ワクチン接種、抗生物質や抗菌剤の投与など、飼育管理面からのアプローチがなされている。一方、人間にも体の強い弱いがあるように、ブタにも病気に対する抵抗性の違いがあることから、免疫能力の高いブタを選抜し、慢性疾患に強いブタを育種改良する試みがなされている。

## 遺伝子の解明がもたらすもの

最近では、分子生物学の発展に伴い、ＤＮＡ上に数多く散在する一塩基多型（ＳＮＰ）や、同じ機能を持つ遺伝子の重複（ＣＮＶ）などの存在が知られるようになってきた。ＳＮＰチップは、ヒトの遺伝子探索とその機能解明に重要な役割を果たしている。ヒトでは、遺伝性疾患の解明など、特に病気の分野での研究が盛んに行われている。病気に関与する遺伝子の数は比較的限られており、また、畜産と比べると、研究予算の規模も二桁の差があることから、その進展には目覚ましいものがある。

畜産の分野でも、ウシやブタを中心に、数万個のＳＮＰの違いを個体ごとに調べることのできるチップが市販されるようになった。その結果、ＳＮＰ情報を用いた遺伝子の探索に関する研究と、ＳＮＰの似通いの程度から個体間の遺伝的関係をより精密に推定することで育種改良に利用する研究が盛んに行われている。

家畜の経済形質の多くは、効果の小さな遺伝子（ポリジーン）が数多く関連しており、血液型のような目に見える単純なメンデル遺伝をするわけではない。たとえば環境が同じ場合、体重が重い個体と軽い個体との差は、一つや二つの遺伝子だけで決まるものではない。体重には様々な臓器や骨、筋肉、脂肪などの組織が関与し、それぞれの組織が複雑に関連し、影響を及ぼし合っている。体重に関与する遺伝子の機能を一つずつ明らかにするだけでも、膨大な作業が必要である。また、機能そのものを明らかにしないまでも、体重を改良するためには、遺伝子の変異が体重に対して与える影響の解明——この変異によって何グラムの影響があるのかという数値化が必要である。メジャージーンとよばれる効果の大きな遺伝子ならともかく、ポリジーン一つひとつの微少な効果の大きさを高い精度で明らかにするためには、膨大な個体数を必要とする。さらに、遺伝子が作り出すタンパク質には交互作用も考えられ、また、調節遺伝子の影響も考慮しなければならない。

遺伝子の解明は遺伝学にとって重要な研究ではあるが、それが直ちに家畜の育種改良に結びつくわけではない。形質に関与する遺伝子の一〇パーセントや二〇パーセントが明らかになっても、長期的な育種改良に役立たないことは、理論的にも一九九〇年代に明らかになっている。「改良に役立つ遺伝子の解明」という研究は華々しいが、家畜の経済形質に関与する遺伝子の多くはポリジーンである。遺伝子の探索に関する研究を家畜の育種改良に応用するためには、むしろ遺伝性疾患や遺伝子のホモ化が関与する繁殖障害や、近交退化の原因などを解明することが重要ではないだろうか。

一方、SNP情報によって個体間の遺伝的関連性を明らかにし、それを利用した選抜手法の研究が盛んに行われている。この方法は、形質の記録を持っていない個体間の比較に有用である。したがって、記録を持った個体の選抜に直接利用するというよりも、記録を持たない数多くの選抜候補個体をある程度の数に絞り込むために利用される。乳牛の雄は後代検定によって初めてその能力が明らかになる。一方、SNP情報を用いれば、能力がわからない種雄牛候補個体をある程度絞り込むことができることから、乳牛の選抜において実用化されつつある方法である。

ブタでは、SNP情報を利用することにより、形質の記録が得られていない同腹きょうだいの中から、選抜候補個体を絞り込むことが可能である。ただし、SNP解析は高額なため、ウシに比べて費用対効果の低いブタの育種改良には、今のところ利用されていない。しかし、今後、解析に要するコストが下がれば、実用化の道も開けるだろう。

SNPを用いた育種改良の研究は、植物でも盛んに行われている。特に、イネのような自殖性の植物は、系統育成の選抜世代数が短いため、SNP情報を取り入れた選抜が有効である。しかし、すでに述べたように、家畜は近親交配を避けながら、長い時間をかけて選抜と交配を繰り返し、育種改良を進めていくことが不可欠である。「SNP」という材料は同じかもしれないが、ヒトとブタとイネでは、「育種改良」という目的を達成するための方法には大きな違いがある。

## ブタはどこへ行くのか

最近、ブタは食肉用だけではなく、医療用としても注目されている。特に、ミニブタとよばれる小型のブタは、臓器などのサイズが人間に近いため、様々な場面で活用されている。たとえば、外科医の実習トレーニング、医薬品開発のための投与試験、ブタの臓器を人間に移植する異種移植や人間の臓器をブタの体内で育てる再生治療などである。イヌやサルはダメなのにブタはいいのか、といった動物福祉における倫理的な問題はあるにせよ、ブタは今後も食用とは別の側面で人類の発展に貢献していくことだろう。

人の健康面だけでなく、美容の方面でもさまざまな効果が期待されるとして注目を集めるプラセンタ（胎盤エキス）は、その多くがブタ由来である。栄養成分としてのコラーゲンや医薬用成分として注目されているブタの脳下垂体など、ブタは食肉用としての動物性タンパク質だけでなく、人類がより快適に生活するための原材料を供給することができる。

また、最近では小型のブタをペットとして飼育する人たちも現れてきた。ブタはきれい好きで人なつこく、愛嬌のある顔や仕草が受け入れられている。ひと昔前ならば、「ブタ」は悪口の代名詞であったが、今ではペットとまではいかないものの、ぬいぐるみなどではあたり前のように目にするキャラクターとなっている。

医療用や医薬品、伴侶動物という新たな活用法があるにせよ、ブタは食肉用の家畜として最も広く利用されている。従来、ブタは残飯や排泄物など、人間が利用できなかったものをエサにすることで、家畜として飼育されるようになった。豚肉にはタンパク質や脂肪が豊富に含まれ、栄養価も高く、食生活を豊かにする。今や豚肉の消費量は、世界の食肉消費量の四〇パーセント以上を占めるまでに至っている。しかし、ブタは雑食動物であり、トウモロコシやコムギをエサとするため、人間の食料との競合がある。豚肉を生産する養豚業は、食料生産という立場からすれば明らかに非効率である。

「飽食の時代」と言われる今日は、長い間食料を求め続けてきた人類の歴史のほんの一瞬に過ぎない。また、わが国における食糧自給率はカロリーベースで三九パーセントと、先進諸国の中でも飛び抜けて低い値である。豚肉に限ってみると、昭和四〇年には一〇〇パーセントであった自給率も、平成二五年には五四パーセントにまで減少している。この値にはエサとなる飼料の輸入量が含まれておらず、わが国の飼料自給率が二六パーセントであることを考慮すると、豚肉の真の自給率はさらに低くなる。この傾向は豚肉に限ったことではなく、食肉全般にいえることである。

畜産は、土、草（飼料作物）、家畜という循環の上に成り立ってきた。家畜のエサである穀物を輸入することで、土と草が切り離され、土、草、家畜という循環の輪が断ち切られる。行き場を失った糞尿などの排泄物もまた、水質汚染などの問題を引き起こす。さらに、最近では草食家畜のゲップはもとより、家畜の糞尿が発するメタンや亜酸化窒素も、同量の二酸化炭素の数十倍から数百倍の温室効果があるとされ、家畜による地球環境の悪化が懸念されている。

わが国の畜産の将来を考えるとき、家畜が摂取するエサの確保と排泄物である糞尿の処理は、最も重要なテーマである。特に、草食動物であるウシやウマなどと異なり、輸入穀物主体のエサで飼育されているわが国のブタは、穀物価格や外国為替相場の影響を受けやすい。穀物、とりわけトウモロコシは食料としての人間との競合だけでなく、最近ではバイオエネルギーとしても利用されるようになってきた。養豚は、今後も世界的な価格競争の下にさらされていくことは間違いない。

エサはもとより、優良な種豚の多くを外国に頼っている現在の養豚業において、その軸足を国内に置く養豚業へとシフトする必要性は、誰もが感じるところである。では、どうすればよいのか。私のような一研究者がそれに答えられるほど簡単な話ではないことも、関係者は皆承知している。一つだけ言えること――生産者、行政、研究者の考えている方向性がずれているようでは、この先は見通せない。養豚業界、政府行政機関、研究機関、そして消費者団体などを交え、わが国全体が一丸となって、目指すべき方向性を明確にし、それに向かって着実に歩を進める必要がある。

## 将来に向けて

福島第一原子力発電所の事故で、多くのウシやブタが残置され、特にブタはイノシシと交雑し、野生化が進んでいる。これは原発事故に限ったことではなく、養豚家の離農やブタの脱走などにより、日本各地でブタの血がイノシシに移入しているという報告もある。長い年月をかけて家畜化したブタも、野生に戻るときは一瞬である。

ブタはイノシシよりも繁殖性に富み、また発育も早いことから、野生化したブタが生態系に及ぼす影響は少なくない。「近頃のイノシシは白くて大きくなった」という猟師の話は笑えないジョークである。また、最近では地球温暖化の影響からか、ニホンイノシシの北限が次第に北上しており、これもまた生態系に何らかの影響を与えかねない。このようなイノシシの生息数や生息範囲の拡大は、農作物被害の増加や伝染病の拡大にもつながる恐れがある。自然と畜産はまさに表裏一体なのである。

ひと昔前ならば、畜産物の生産・流通に関わるすべての部門を統合した「畜産インテグレーション」と呼ばれる養豚場や養鶏場は、食肉卵生産工場のイメージがあった。けれども、今では、人工的な光と温度管理、水耕栽培などの技術による野菜工場があたり前のように報道され、消費者の間にも受け入れられつつある。むしろ畜産は、環境規制だけでなく、動物福祉や自然農法などの考えから、本来の農業という、より自然な状態に回帰する傾向にある。ついこの間まで、３Ｋ農業（きつい、汚い、格好悪い）と言われ、後継者不足に悩まされ続けてきた農業も、最近では不況や規制緩和も手伝って、新３Ｋ農業（稼げる、感動する、格好いい）として新たに就農を希望する若者も増えている。また、美味しさや安全性を売りにした農産物の輸出や、農業の六次産業化など、新たな道を模索する動きも次第に現実味を帯びるようになってきた。

世の中がいくら便利になったとしても、人間の本能は自然を好む。北海道の広い大地でウシが草を食む姿は、誰もがホッと一息つける風景である。レンタルファームや屋上農園に畜産、中でも養豚の入り込む余地は少ないかもしれない。しかし、生産者が流通を介さず消費者に販売するマルシェ・ジャポン、契約農家が定期的に消費者に生産物を届けるマイ農家、地元の直売所や学校給食による地産地消など、身近なものを通して食を生産する農業の面白さや重要性を感じてもらうことが、これからの農業を支える原動力となっていくのではないだろうか。

# 第5章　なぜ養豚は「おもしろい！」のか

## ――養豚の現状と将来――

大竹　聡

大竹　聡
（おおたけ　さとし）

1974年，新潟県生まれ。
株式会社スワイン・エクステンション&コンサルティング代表取締役。

---

麻布大学獣医学部獣医学科卒業。米ミネソタ州立大学大学院獣医学部臨床疫学科博士課程修了。養豚専門獣医コンサルタントとして日本の養豚家や関連企業をクライアントに衛生管理，経営相談などのコンサルティングに取り組む。ミネソタ州立大学大学院獣医学部臨床疫学科豚病撲滅センター客員教授，明治大学農学部養豚生産と疾病研究センター客員講師，宮崎大学産業動物防疫リサーチセンター客員研究員，新潟県養豚経営者会議特別技術顧問。

---

## 1　養豚の世界へ

### 豚肉人気の背景

現代の食生活にとって、豚肉は、今やもっともポピュラーな食材の一つであると言っても過言ではない。消費動向における最近の健康志向も、豚肉の人気を煽る形になっている。実際、豚肉に多く含まれているビタミンBと諸々のアミノ酸には疲労回復・イライラ防止・肝臓強化の効果があり、また豚肉の脂はビタミンEと不飽和脂肪酸の宝庫なので細胞老化防止・発ガンリスクの軽減にも貢献することが知られている。豚肉が持つ「健康パワー」というイメージは現代社会において確実に定着してきている。料理の幅が広い、加工品としても出番が多いといった、食材としての使い勝手の良さも豚肉の人気を高めている。毎日食べるテーブル・ミートとしてのお値ごろ感も大きいが、良質の豚肉は、まず何よりも、おいしいものである。

こうした豚肉消費に対する追い風は大変喜ばしいことだが、その国産豚肉を生産する日本養豚産業について知っている人は、どれだけいるだろうか。皆さんの中には「安全・安心な国産豚肉」という言葉を耳にする方も多いだろう。しかしこの言葉は本質的に、何を意味しているのだろうか。毎日皆さんの口に入る国産豚肉、それを生産している養豚産業の現状と将来について、興味をお持ちではないだろうか。本章では、そのような期待に少しは応えることができるかもしれない。

「丹精込めて愛情深く、うちのブタは育てています。だからこんなにおいしいのです」というのは、多くの農家が言っており、いまさら特別であるかのごとくアピールするようなポイントではない。もはや、あたりまえのことであると言ってもいいだろう。現在の最先端を行く、そしてこれからの将来を担う国産養豚生産業は、もっとシステマチックで科学的で整合性のとれたビジネス・マインドに基づいている。

「TPPで日本農業・畜産が壊滅する」と言われているが、はたしてそうだろうか。「少なくとも日本養豚産業はそうでもない」ということが、本章を読んでいただければ少しは感じて頂けるのではないかと思っている。

なじみのない方には意外かもしれないが、日本養豚産業に携わる人々はたくさんいる。生産者、獣医師、行政役人、飼料メーカー、薬品メーカー、器材メーカー、その他関連業者、と実に多岐にわたっているのである。その一部を担う者として、立場と経験をふまえたうえで、筆者独自の視点・感性をもって、本章の目的である「日本養豚のおもしろさ」を伝えたいと思う。業界内情を知る関係者のなかには、本章を読んで「いや、そんなことはない」と思う方もいるかもしれない。しかし、そこは十人十色なので当然のこと。むしろ筆者独自のフィルターを通すと日本養豚産業というのはこのように見えるのだな、というぐらいに受け取って頂きたい。

そのために、まず筆者自身について語るところから始めたいと思う。筆者の現在の活動内容とそこに至るまでの過程を読者の皆さんと共有させて頂くことにより、筆者の考える畜産業界のあり方、そこに関わる獣医療と大学研究・教育の役割について知って頂く機会となれば幸いである。

## 養豚産業という世界

筆者は新潟の養豚家の長男として生まれた。けっして誇張ではなく文字通り、物心ついたころから農場で父の手伝いを毎朝の日課として小・中・高に通っていた。だから将来の自分の職業を養豚産業界に求めたのは、非常に必然的な流れであったと言えるだろう。ここで本音を言えば、幼いころは農場現場での肉体労働や周囲が畜産業に対して持つ典型的な悪いイメージ（汚い、臭いなど）を受けて不快に思うことも決して少なくなかった。しかし、現在はっきりと自信を持って言えるのは、獣医学術的にもビジネス的にも非常に興味深く将来性のあるこの養豚産業の存在に幼いころより身近に接することができて、筆者は本当に幸運であったということである。その後も環境に恵まれ、麻布大学獣医学部獣医学科に進み、獣医師免許取得を志した。動機のすべては、将来は養豚産業での仕事に携わるという一点のみにベクトルが向いていた。

誤解を恐れずに言えば、養豚専門獣医師としての仕事をするのでなければ、筆者は獣医師という仕事に対しまったく興味を持たなかっただろう。その意識は現在も変わっていない。日本では獣医師という職業は、小動物臨床の分野が圧倒的にメジャーである。しかし養豚をはじめとする畜産専門獣医師という分野は、そのニーズと将来的可能性において現在の小動物臨床獣医師の比ではないと思われる。

## 学ぶことの楽しさ

麻布大学獣医学部へ進学したのと同時に、卒業後はアメリカの大学院で養豚の勉強をしようとそのころすでに心に決めていた。とにかく養豚の分野でキャリアを積みたいという意識が強かったので、「養豚大国アメリカ」は筆者にとって非常に魅力的だった。

今思うと、将来の具体的なことはあまり考慮することもなく、とにかく漠然とした上昇志向と向上心のみが大学時代のモチベーションとなっていたような気がする。実家に帰ればいつでも生きた養豚業を体験できる環境があったこと、そして卒業してから本格的にアメリカで養豚の勉強を積むとすでに決めていたことから、当時の麻布大学獣医学部在学中に養豚学についてまったくといっていいほど触れる機会がなかったという事実は、皮肉ではなく、筆者にとってはまったくフラストレーションにならなかった。むしろ、卒業したら養豚漬けになること間違いないのだから、大学在学中はもっと視野が広く基礎的な力をつけたいという意識を持っていた。

それで、縁もあって病理学研究室兼生物化学研究室教授（当時は助教授）の代田欣二先生に師事した。今思えばこの選択は大正解で、人生における転機の一つとなった。同期のすばらしい仲間にも恵まれ、何より知識・技術うんぬんではなく、「何のために、そのことを知らなければならないのか」という筋道づけと「自分自身で勉強する方法」というノウハウを学ぶことができた。その後のアメリカでの大学院時代でも、さらに現在の独立開業でビジネスを行っていくうえでも、そのころに自身の中で確立できた意識と方法論は、脈々と生きている。

奇妙な縁で、現在、筆者も理事を務める日本養豚開業獣医師協会（ＪＡＳＶ：Japanese Association of Swine Veterinarinas）と麻布大学とのコラボレーションであるＰＣＣ（Pig Clinical Center）という養豚産学連携プロジェクトの中で代田先生と病理診断に関わる仕事を一緒にさせて頂いていることは個人的にも大変嬉しい限りである。人のつながりというものは、いつどこで自分自身にかえってくるかわからないと身に染みて感じている。

## 2　国境を越えて

### 産業ありきの学問

麻布大学を卒業して国家試験も無事終わり獣医師免許を取得した二週間後、晴れて念願のアメリカ留学となった。渡米して一カ月もすれば字幕無しで映画も簡単に鑑賞できるくらいにはなるだろうと英語を完全になめきっていたので、当然、ことあるごとに英語・英会話でつまずいた。大学院入学に必要なＴＯＥＦＬ試験に何度も落第し、無事目的の学部の大学院への入学が決まったのは渡米してから半年以上も経過してからのことだった。しかし、その当時は不思議と焦りや不安はまったくなかった。比較的若くして渡米したこと、会社や大学研究機関などのいわゆる「ひもつき」で渡米したわけではないことが非常に良かったのだと思う。不必要に目先のことに一喜一憂することもなく、長期スパンで自身の将来キャリアを見据えながら、日本社会の固定観念とでも言うべきノイズからも良い意味で隔離された心境の中、マイペースに私生活・勉強生活を送ることができたように思う。

アメリカの大学院の特徴といえば、まず、大講座制である日本の獣医学部と異なり、いわゆる小講座制であるという点があげられる。教授の数だけ講座が存在し、一人の教授ときわめて少数の大学院生だけがまさに二人三脚で仕事をするのである。大学院生はリサーチアシスタントとして給料をもらいながら仕事をするので、学生といえどもプロフェッショナルな意識がそこでは生まれる。結果を出さなければ本当にクビを切られるのである。逆に、大学院生に給料も払えないような研究費の乏しい実力のない教授からは、当然、大学院生はどんどん去っていく。そんなシビアな環境下で正味五年間勉強することができたことは、現在はもちろんのこと今後将来においても、大きな励みとして筆者自身の血肉となっている。

話を本筋に戻そう。養豚大国アメリカで養豚の勉強をしたいということで、とくに現場に密着した応用研究が強いという理由でミネソタ大学獣医学部臨床疫学科を選択した。そこで現在では恩師でもあるスコット・ディー博士と出会うことになる。陳腐な言い回しになることを承知で敢えて表現すると、これがまさに運命の出会いであった。間違いなく、現在の仕事のスタイルを決定づける一大転機である。ディー先生は大学に教授として戻ってくる以前は、養豚専門獣医師として自身のクリニックを経営し、農場現場で一〇年以上も経験を積んでいた。そんな彼の研究の視点はつねに「現場で今どのような情報が必要とされているのか、今すぐ現場で役に立つ研究知見を提供する」という点のみに軸を置いていた。

ちょうど筆者がミネソタ大学大学院で本格的に研究を始めた二〇〇〇年、ディー先生をはじめとする大学の養豚専門研究者が一つのチームとなって豚病撲滅センターが設立された。筆者もそのメンバーの一員となり、北アメリカ・日本も含めた世界養豚業界において現在もっとも経済的被害の大きい疾病である豚繁殖呼吸器障害症候群（ＰＲＲＳ）ウイルスの伝播疫学とそれを防ぐための実践的農場防疫法（バイオセキュリティ）の研究を行った。このセンターの大きな特徴と存在意義は、「大学を通じて上から降りてくる研究費は一セントもない。すべての研究費・センター運営費は自分たちが産業（生産者団体、製薬・

種豚・飼料メーカー、獣医クリニック）から直接交渉により捻出してくる」という点である。すべての研究費は養豚産業から直接提供されるので、必然的に産業現場で役に立たない研究は存在しないシステムとなるわけだ。また研究機関と現場とを結ぶ情報普及部門（エクステンション）の重要性が非常に大きなウエイトを占めるようにもなる。これは本来の大学と産業とのあり方を考えたときに、至極あたりまえのことであるはずなのだが、日本の大学・研究機関の固定観念しか持っていなかった当時の筆者にとって、この豚病撲滅センターのシステムと存在意義というのは、けっして大袈裟ではなく、まさに天地が逆転するほどの衝撃であった。「産業に貢献するための研究、そのために大学はある」「現場で活用できなければ、その学術情報は意味がない」という真理を、このときに身に染みて学んだのである。

## 帰国して感じた大きなギャップ

こうして大学院博士課程を無事修了し、いったん日本に帰国することにした。社会に出ていっそう見聞を広めたいという理由から、外資系製薬メーカーの養豚テクニカル・マネージャーとして二年間、さらに国内養豚生産企業の農場管理獣医師として一年間の時間を費やした。この期間でも大変多くのことを学んだのだが、一つもっとも大きなことは何かと言えば、それは「アメリカ養豚産業と日本養豚産業との大きなギャップ」に尽きる。産業自体の歴史的成り立ちや構造背景がアメリカと日本でギャップがあるのは、むしろ当然だ。しかし、ここで筆者が言うところのギャップというのは、「情報の整備・流通」ということに関してなのである。

わかりやすく一つの例をあげれば、ＰＲＲＳというきわめて重要な養豚疾病の、農場現場における対策法に関するノウハウについても、世界標準として認知されているはずの情報は日本産業ではまったく普及していなかったということがある。逆に科学的根拠をともなっていない、まことしやかな「ウワサ」のような情報だけを頼りにして養豚生産者・獣医師が現場で四苦八苦しているような状況だった。このような事態を引き起こした根本的な原因は、日本産業におけるエクステンション機能（研究知見の現場普及、産業と学術のコミュニケーション的橋渡し）の欠如にある。そのことを身を持って経験した筆者は、これまでに培った国内外の人脈を最大限に活用し、現在自身が代表取締役を務めるSwine Extension & Consulting（スワイン・エクステンション&コンサルティング）を二〇〇六年一二月に設立し、二〇〇七年九月よりその拠点をアメリカのミネソタ州に移すに至ったのだ。

## 独立開業・再度渡米

以上のような経緯で、現在筆者はミネソタ州立大学の豚病撲滅センターに研究員として籍を残しつつ、養豚専門獣医コンサルタントとして日本の養豚生産者や関連企業をクライアントに持ち仕事をしている。「スワイン・エクステンション＆コンサルティング」という名の通り、「エクステンション」という機能が日本養豚産業発展のために必要不可欠なものであること、本来は生産現場も農場経営も獣医療も学術研究も産業においては地続きで一つのものであること、という筆者自身の確信を具現化したビジネス・スタイルとして、アメリカと日本をまたぎながら仕事をさせて頂いている。

現在の具体的な活動内容としては、①ミネソタ州立大学豚病撲滅センターにおけるバイオセキュリティ研究に関わる仕事（学会発表・文献執筆を含む）、②アメリカの養豚専門獣医クリニック・生産企業における研修という形での情報収集、③日本のクライアント（養豚家、関連企業・団体）へのコンサルテーション（農場訪問を前提とした衛生管理指導・経営相談、最新技術情報・アドバイスの提供、など）、④日本での大小もろもろの業界関連イベントにおける講演と業界誌における執筆活動、など。発足当初は、この新しい概念に基づくビジネス・スタイルがなかなか受け入れられなかったこともあったが、現在では業界に広く認知して頂けるまでになった。今後はさらにその仕事の精度を上げ、かつ効率化を図り、新しい事業(意欲さえあれば農場初心者でも新規で養豚業に参入できるようなビジネスモデルなど)を展開していくことで、日本畜産業の活性化に貢献していきたいと思っている。

### エクステンションとは

ここで改めて、「エクステンション」という言葉の意味について考えてみたいと思う。なぜならば、そこにこそ今後将来の産業と獣医療の関わり方・あり方の本質的道筋が見えると筆者は確信するからだ。読者にとってはあまり興味が湧かないことかもしれないが、これは他業種にも概して通じる概念であると思う。少々お付き合い頂きたい。

アメリカで言うところのエクステンションという言葉は「研究知見の現場普及」や「産と学の橋渡し」という意味があり、本来であれば大学や研究機関に所属する機能である。というより、もともと「産業ありきの大学研究・教育」という歴史背景のあるアメリカでは、このエクステンションの精神・機能がむしろ大学・研究機関の根幹であると言っても過言ではない。しかしながら、日本の場合はその産業背景と歴史の違いからか、この肝心のエクステンション部門がごっそり欠如してしまっているのが現状なのである。エクステンションという言葉に直接あてはまる日本語の単語が見あたらないことが、その状況を端的に表している証拠だろう。

そのような背景にある日本畜産業の現状をふまえると、筆者が考えるエクステンションとは、大学や研究機関のみに限定せずもっと広い意味でかつシンプルに、「情報の整理と活用化」のことであると思っている。情報とは、何も学術的知識だけとは限らない。本人の経験やセンス、他人から見聞きしたことなども広く一括りにして「情報」ととらえることができる。そしてそれらの情報が正しいのかどうかを判断するために必要なのが科学的なものの見方・考え方であり、誰が見ても納得する科学的根拠をもって情報を「整理」する基準としなければならない。絶えずアンテナを張って情報を更新すること、偏見にとらわれない「整理」の仕方を身につけることが重要なのである。この部分が業界全体として中途半端であやふやなため、まことしやかな情報（筆者はこれを「ウワサ」と呼ぶ）の大手をふった独り歩きを許してしまう結果となる。先に例としてあげた養豚業界におけるＰ

ＲＲＳの現状はその端的なものだが、疾病問題に限らず一時が万事、そのような傾向が日本養豚のさまざまな問題の根底にあるような気がしてならない。

情報の「活用化」とはすなわち、実際にその情報を現場で具現化し結果を出すということだ。どのような知識・情報を持っていても、それを使うことができなければ意味がない。どのようにその情報を生かすか、知識を現実化するかが非常に重要なわけで、そのための「コツ」や「知恵」が付随してはじめてその情報の存在意義が認められる。その情報の活用化に必要な知恵とはすなわち「工夫と妥協」にほかならない。畜産生産現場はまさにこの「工夫と妥協」の連続であり、限られた諸々の条件の中でいかにその情報・知識を使って結果を出すかに尽きる。どのように工夫すれば本来の意味を失うことなくその情報を生かすことができるか、どこまで妥協できてどこからが妥協できないのかを見極めるために必要なものは、やはり科学的根拠に基づいたものの考え方である。臨機応変に融通を利かせるためには、情報の「整理と活用化」が必要不可欠であり、それを担うエクステンションの意義と重要性を業界全体が認知することが本当の意味での「産と学の連携」の土台になるのだと思っている。

## グローバル・コラボレーション

情報に国境はない。これは、畜産業界・養豚業界でも同じだ。アメリカであろうがヨーロッパであろうが日本であろうが、要はその情報をどのように自分自身が活用できるかで結果は決まる。手持ちのカードとして国外の情報を入手しておくことは必須であり、そのための「国と国との連携」が畜産業界では今まで以上に、今後ますます重要性を増してくるだろう。

そして、このような「産と学との連携」や「国と国との連携」の根本的土台となるのは、実は「個々人どうしの連携」にほかならない。どんなすばらしい事業構想も産業システムも、まずは人と人のつながりからすべてが転がり出すものだ。逆に、人のつながりを土台としたものでなければ、そのアイデアやシステムはいともたやすく、あっけなく形骸化してしまう。「グローバル・コラボレーション」という言葉は、そのことを筆者なりに経験・体験した上で、現在の筆者の活動内容を象徴している言葉であり、さらに言うなれば、今後将来の畜産業界とそこに関わる獣医業界のあり方を示す言葉でもある。

## 3　日本養豚の現状

### ブタの飼料

ブタは生来雑食の生き物である。多頭飼育化が進み生産効率が求められている近代養豚におけるブタの飼料の主体は、トウモロコシ（炭水化物）とダイズ（タンパク質）である（表1）。オオムギやマイロ（モロコシの一種、コウリャン）の生産が豊富なヨーロッパやアメリカの一部の地域では、それらがトウモロコシの代わりに使われることもある。あとはそこに微量のビタミン、ミネラル、繊維素などが混ぜられる。また、離乳直前直後の子豚には人工乳を与えたりもする。

日本の養豚は、これらトウモロコシとダイズを一〇〇パーセント輸入物に頼っているのが現状だ。つまり、国産豚肉とうたってはいても、そのブタに食わせるエサはほぼすべて外国産のものを購入しているわけである。実はこれは非常に重要な問題だ。というのも、豚肉の生産コストの五〇パーセント以上は飼料のコストとなっている。そして、豚肉の味・肉質（とくに脂身の味と質）は与える飼料の質でかなり決まってくる。つまり、わが国における豚肉生産業は「いかにエサを制するか」がきわめて重要なポイントとなるのである。それは将来の日本養豚産業の展望にも大きく関わることなのだが、その詳細については後述に譲ることにする。

表１　平成21年度養豚用配合飼料穀物原料割合

| 原料 | 使用量（t） | 割合（%） |
|---|---|---|
| トウモロコシ | 3,374,212 | 77.0 |
| マイロ | 649,778 | 14.8 |
| 小麦 | 66,719 | 1.5 |
| 大裸麦 | 79,639 | 1.8 |
| コメ | 60,949 | 1.4 |
| 小麦粉 | 51,292 | 1.2 |
| ライ麦 | 24,622 | 0.6 |
| その他穀類 | 77,625 | 1.8 |
| 合計 | 4,384,836 | 100.0 |

出典：養豚白書

### 養豚生産システム

養豚生産は「繁殖ステージ」と「肉豚ステージ」という、大きく二つの部門に分けられる。繁殖ステージは母豚に種付け・妊娠・分娩させ、子豚を生産する部門。その子豚を育成し、肉に供使できる体重まで太らせて屠場に出荷する部門が肉豚ステージになる。そして、この肉豚ステージの中でもとくに環境変化に敏感でケアを要するのが離乳（通常だいたい二一日齢前後）から六〇日齢くらいまでの時期で、このステー

図1　養豚生産システム

出典：J・フルセン著，大竹聡監訳『ピッグシグナルズ』ベネット，2011年

ジは特別に離乳ステージと呼ばれ、それ以降出荷（一五〇～一八〇日齢）までは肥育ステージと呼ばれている（図1）。

　これらのステージがすべて同一敷地内に存在するものを「一サイト一貫生産システム」、各ステージが別敷地に分離されているものを「マルチサイト・システム」と言う。日本では前者がまだ多いが、アメリカはじめ欧米の養豚先進国では、マルチサイト・システムが完全に主流となっている。これはコストの効率化、人材の集約化、疾病対策などの面から、マルチサイト・システムが優れているからだ。このように、養豚産業はシステム産業であると言ってよいほど、立地面・設備面が経営を大きく左右するのである。

表２　豚の食用以外の用途

| | |
|---|---|
| 胎　盤 | 「プラセンタ」，医薬品や化粧品の原材料 |
| すい臓 | インスリン（過去），トリプシン（生化学用酵素） |
| 小　腸 | ヘパリン |
| 胃 | ペプシン |
| 肺 | トロンボプラスチン |
| 眼　球 | 実験材料 |
| 皮 | 皮革製品 |
| と畜残さ | 工業用油脂，肉骨粉（飼料原料） |
| 排せつ物 | 堆肥，肥料原料 |

出典：養豚白書

## ブタの食肉以外の利用価値

ブタが人間社会に貢献していることは何だろうか。まずは何よりも、良質で安価な動物性タンパク質の供給源となっているという事実、これがまぎれもなく第一義としてあげられるだろう。しかし、実はそれだけではない（表2）。ブタの糞尿は畑の肥料や燃料として活用できるし、その油は工業用油脂として再利用されている。人の医療にもブタは大きく貢献している。人が使う諸々の製剤の酵素などの多くは、豚由来のものである。胎盤などはコラーゲンが豊富なため、化粧品に使われている。さらにハイレベルの話になると、今世界で異種間移植（動物の臓器を人に移植する）の研究が現在さかんに行われているが、ブタの脳硬膜や眼球などはその実験によく利用されている。こうして考えると、つくづく養豚産業は人間社会になくてはならないものなのである。

## 4　日本養豚の将来

### ピンチをチャンスに変える

「TPP、飼料高騰、豚価低迷、環境問題、新興疾病。これからの日本の養豚産業は本当に厳しくなる」、このような時代が来ることは、我々は以前からわかっていたはずである。「日本の豚価は世界標準と比べると高すぎる。この状態がいつまで続くかわからない。来るべきときのために、我々は生産性の改善・コストの削減・販売利益の最大化という養豚経営の本質を個々が地道に鍛えていかなければならない」、これも何年も何年も前から、言われ続けていることである。そして今、日本でもついにその「来るべきとき」が到来することが現実味を帯びてきた、というだけのこと。今更、あわてふためく必要はないはずだ。

ここでは、アメリカ養豚と日本養豚を同時にリアルタイムで経験している筆者の現在の立場から、アメリカ養豚産業と比較して見えてくる日本養豚産業の短所と長所をふまえ、そこから今後日本養豚ができること・すべきことは何かを提示したいと思う。

しかし「業界」という大それた単語を使ったとしても、結局のところ、その「業界」を構成している基盤となっているのは、個々の農場そのものにほかならない。まずは個々の発展、それが達成できてはじめて産業全体の発展が期待できるのである。その意味で、本章の情報が、まずは個々の農場の経営改善のための「ピンチをチャンスに変える」ヒントとなれば幸いだ。

そして養豚産業と直接関わりのない読者の皆さんも本章を読んだ後、これから食卓で国産豚肉を食べる際には、「この豚肉を作っている人たちは、このように前向きかつプロフェッショナルなメンタルを持っているのか」と思いをはせてほしい。きっと日本養豚産業に一目置きたくなること請け合いである。そのリスペクトから豚肉が今まで以上においしく感じられ、もっともっと日本養豚を応援したくなる気持ちになることを期待している。

## 養豚産業で生き残るためのカギ

アメリカ養豚と比較して見えてくる日本養豚の短所と長所をふまえたうえで、筆者が考える「今後将来の日本養豚で我々が生き残るための一〇のポイント」をまとめてみた。

① 財務管理の徹底とデータ分析

筆者がここで改めて言う必要もないだろう。もはや常識である。生産成績とともに財務成績を徹底して把握・分析することが、今後ますます農場経営にとって必須となってくる。

「ブタがかわいい」「養豚業に愛着がある」「安全安心な豚肉を作る使命がある」といったことは、我々は養豚に携わっているわけなので言わずもがなである。今更、声高々と自慢することではないだろう。そのような意気込み・気持ちを持っているのは当然のこととして、ただ、それだけでは養豚経営はできないことを我々は知っているはずだ。気持ち・感情だけでは自分の家族は養えない。継続して利益が出せる経営体力が農場になければ、真に安全安心な豚肉を供給することなどできるはずがない。我々は「ブタを飼うために生きている」のではなく、「生きるための手段としてブタを飼っている」のである。その本筋を、改めて強く再認識すべき時期ではないだろうか。

② 生産コストに対する考え方の洗練化

生産コストに関して、ますますシビアに詰めていかなければならない。ただしそれは、一方的に財布の紐を単純にきつく締めるだけということではなく、費用対効果をどこまで正確に見極め最大限の利益を呼び込むことができるかということだ。計算書の数字だけの足し算・引き算ではなく、その数字の裏や背景に含まれている表向きには見えない「潜在的コスト・潜在的利益」（アメリカではopportunity cost, opportunity benefitと呼ぶ）を正確に分析して判断していくことが重要である。国内外を問わず現在成功している養豚生産者は、この点の見極めが経験的・感覚的に優れている人だと思う。そして今後ますます、その傾向は強まってくるはずだ。

最近、アメリカで「Full Value Pig」という考えが定着してきている。これは潜在的コストを重要視した概念・分析方法である。アメリカといえば一昔前までは、乱暴に言うと「薄利多売」的な生産スタイルであったが、この厳しい状況下に入ってからその流れに少し修正が入ってきているように感じる。「肉豚一頭の価値をもっと重要視するという観点で、生産コストを分析してみよう」という意識が随所に垣間見られる。そのような考え方は、むしろ日本養豚ではある程度すでに定着している、長所と言えるものかもしれない。それはそれですばらしいことだが、ただし「いいモノを作るためには、お金がかかっても当然」

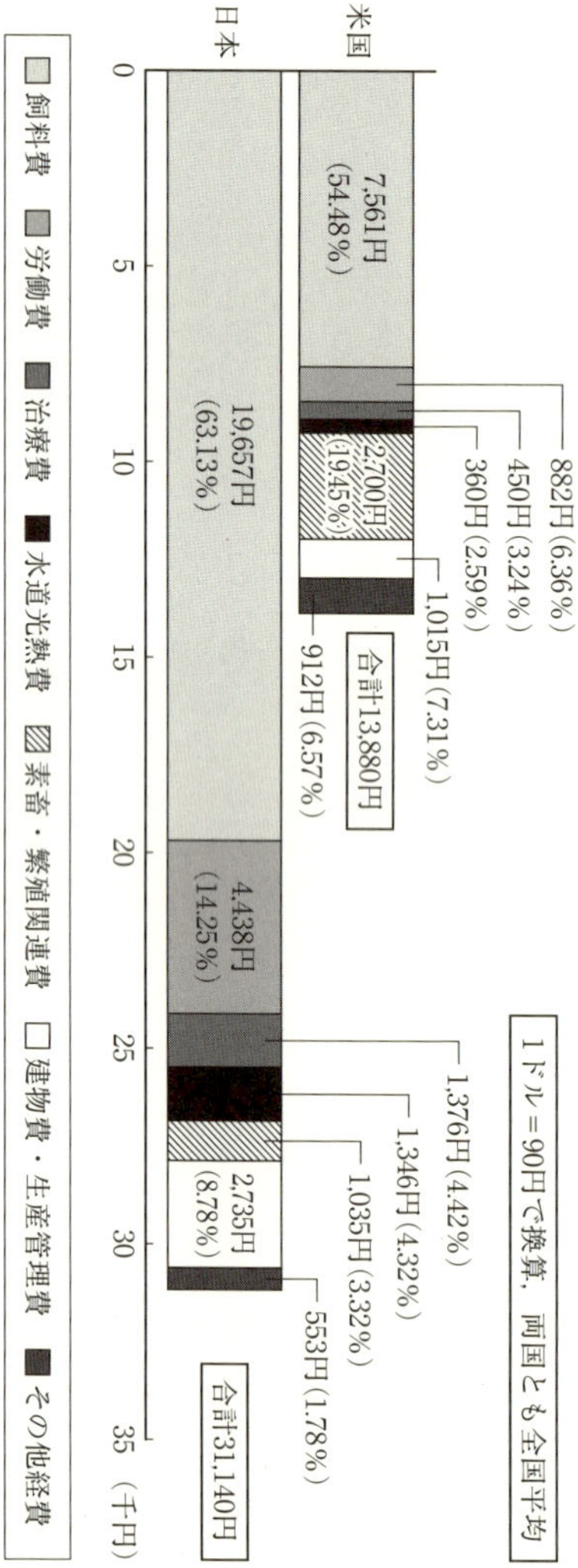


図２　日米コスト比較（肥育豚1頭あたりの生産費／日本2007年・米国2008年）　©S. Otake

資料：日本／農林水産省「農業経営統計調査」米国／USDA

という考え方に、我々は甘えすぎてはいないだろうか。「高いお金をかければ、いいモノができる」のは当然で、誰でもできる。しかし、それでは利益が出ない。「できるだけお金をかけないで、いいモノを作る」ことができて、はじめて利益が出るのである。生産コストの洗練化について、個々の農場単位ですべきことがまだまだあるはずだ。

③　飼料戦略

そうした生産コストの中でもっとも大きなウエイトを占めているものは、まぎれもなく飼料コストである。飼料コストをコントロールできずして、生産コストの改善は望めない。自農場の規模拡大やグループ購入によってスケールメリットを生かす、自社で飼料工場を持つ、リキッド・フィーディング（発酵液状飼料）を活用する等々、オプションはいくつかある。すでに実践済みの農場も国内外に多々ある。このようなダイナミックなオプションは誰もがすぐにでも着手できるものではないかもしれないが、いずれにしても長期スパンで将来的に視野に入れておく必要があるだろう。

ただ、そのような長期的な戦略を試行錯誤する前に、まず自農場の現場で今日からでもできる「飼料戦略」が実はたくさんあるはずだ。給餌量管理から始まって、エサこぼし、エサを切り替えるタイミング、給餌器のタイプと数、飲水器のタイプと数、豚舎環境。もっと広く言えば、育種や疾病予防も飼料対策の重要な一環とみなすことができるだろう。自分の農場で飼料効率を妨げている要因は何か、それを詳しく分析して一つひとつ潰していくことが重要だ。それら基本的な管理面についてさらにシビアに改善していくことは、すべての農場でもれなく今日からできる。これも立派な飼料戦略なのである。

④　販売戦略

どんなに良いものをたくさん作っても、それが売れないことには経営は成り立たない。養豚もまた然りで、販路確保が重要性を持つ。先述した飼料戦略と同じ原理で、個人なりグループなりでスケールメリットを生かしてより有利な条件で販路を確保する方法、自社で小売まで垂直統合して商う方法、自社豚肉のブランド化をはかり小売企業にその付加価値をアピールする方法など、今更ここで筆者が改めて言うまでもないだろう。いずれの方法にせよ、この販売戦略の面をクリアしていない生産者は、もうすでに現在日本で生き残っていないのではないだろうか。そしてその傾向は今後、ますます強くなってくるだろう。

アメリカの場合、この販売戦略とはすなわち「パッカーの選び方とその契約条件」のことを指すと言っても過言ではない。アメリカのパッキングプラントにおける、お金に直結する枝肉の評価は事実上二つのみ、枝重と赤肉割合だけだ（アメリカ国内流通の場合）。日本のそれと比較すると、恐ろしいくらいシンプルで客観的な世界である。逆にそのことが、後述する肥育管理の考え方や出荷技術・出荷戦略の洗練をもたらしたとも言える。

ただし、日本国内では豚肉流通のバックグランドがアメリカのそれとは大きく異なる。まず日本においては、屠場の問題が重く大きく残っている。枝肉格付のような主観的な評価法も、ここに大きく起因しているのである。よく「垂直統合」とか「ポークチェーン」とか言われるが、日本の場合は厳密な意味では、屠場のところでそのフローが一旦断絶している。アメリカで言うところの真の意味での垂直統合・ポークチェーン構築までには、日本はまだ程遠い状況だ。現在、この屠場に関わる課題に対し積極的に取り組んで利益を出している日本の生産者も存在するが、日本養豚業界全体として成熟した形となるまでにはまだまだ至っていないのが現状だろう。生産者が臨機応変に自由に選択できるような販売戦略オプションの確立、これも今後将来の日本養豚の大きな課題の一つではないだろうか。

蛇足だが、オプションという意味で言うのであれば、欧米でみられるような子豚を肉豚として販売できる市場がもっと日本でも成熟・確立されてほしい、と筆者は個人的に思っている。そうすれば、販売戦略のみならず、生産現場としてできることの幅が格段に広がってくるからだ。その可能性についても着目していきたい。

## ⑤　とにかく肥育ステージが肝心

このように飼料コストや販売戦略の重要性が今までよりいっそう重要になっている昨今の状況下では、生産管理の面において、間違いなく肥育ステージが最大のポイントとなる。コマーシャル一貫生産経営である以上、肥育こそがもっとも重要なステージで、それは利益にもっとも直結しているからだ。種豚企業であればまた話は別だが、コマーシャル一貫生産農場においては、良い母豚を作ることが最終目的ではなく、質の高い肉豚をより多く継続して出荷できてはじめて目的達成となる。あたりまえのことだが、生産現場にとっては出荷肉豚こそが最終製品だからだ。母豚は、その最終製品である肉豚をより効率的に定質定量生産するための裏方的役割である。良い肉豚を作るためには良い母豚が必要だからということから、結果的に育種や母豚管理が大事になっているというだけであって、利益を出す主役はあくまでも肥育豚である。

しかしながら今の日本では、とかく母豚の繁殖成績ばかりにのみ目が行きがちな傾向があるように感じられる。育種を評価するポイントについても然り。これについて、筆者は少なからず違和感を覚えている。たしかに年間母豚一頭あたりの生存産子数・離乳頭数は、誰にでもわかりやすいシンプルな指標だ。しかしそれは我々の養豚経営における最終結果報告（アメリカ養豚では「エンド・ポイント」と言う）なのだろうか。否、である。一貫生産農場における生産成績のエンド・ポイントは、出荷頭数、出荷体重、出荷日齢、飼料効率（肥育日数、飼料摂取量、一日増体重、飼料要求率）などの肥育成績である（日本の場合はこれに枝肉上物率も含まれるだろう）。それらが売り上げに直結する指標だからだ。昨今の飼料高・低豚価の状況においては、それはなおさらのこと。これらの最終結果（エンド・ポイント）が良くなければ、どんなに母豚が子豚を多く生んでいたとしても、まったく意味はなく、本末転倒なのである。

そのような観点から、筆者は、母豚あたりの総産子数や離乳頭数よりもむしろ子豚の生時体重と離乳体重を重要視している（腹ごとの平均値とバラツキを見る）。もちろん子数が少なすぎるのは論外だが、たとえ圧倒的に多産でも虚弱で小さく生まれてきた子豚が多くいるようでは、後々に離乳・肥育フローを圧迫する結果となる（さらに言うと、その前にまず分娩舎での里子管理が大変になってくる）。「とにかくまずは生まれてこないことには、肉にすることができない」と言う人がいるが、スタートから出遅れた肉豚（つまり虚弱で生まれた子豚）は、つまるところ出荷最後まで足を引っ張ることが確実なのである。施設固定費・飼料費・光熱費・衛生費・人件費を多分にかけて虚弱豚を途中まで育てても、結局のところ死んでしまっては経営上むしろマイナスとなる、という事実を我々は知っているはずだ。そのような背景を受けて、アメリカでは最近、子豚の生時体重の意義についての研究報告が多く目につく。

誤解のないよう念のため付け加えておくと、もちろん母豚の繁殖能力と母豚管理は非常に重要である。それを軽視する気はさらさらない。しかし、母豚の繁殖成績として求められることは「いかに多く生むか」ということではなく、「質の良い子豚を、つねに定時定量で離乳すること」だと筆者は思っている。つまりは「安定性」、それによって自農場の肉豚フローが計画通り回るのである。離乳頭数はつねに、計画より少なすぎても多すぎてもだめなのである。その「安定性」を得るための母豚の育種能力であり管理技術であり疾病対策なのだと思う。経営上の観点から言えば、分娩舎にもっとも施設固定費がかかっているので、それを償却するために「いかに母豚の回転率を上げるか」という点を重視する考えも理解できる。しかし、ただそれを最優先することによって自農場の離乳・肥育舎のキャパシティを超え、密飼いを引き起こしてしまってフローを乱し、結果ストレスや病気を発生させて多くの頭数を死なせてしまってはまさに本末転倒ではないか。これでは、何のために時間と労力とコストをかけて子豚を生ませたのかわからない。国内外含め、豚価および飼料価格の変動がまったく先の読めない昨今、母豚が産む子数だけで競争する時代は、すでに過ぎ去ったのだ。

あらためて強調しておくと、今後の養豚経営では肥育がカギとなる。それは管理面についても、それなりのシビアな意識と技術が求められてくるということでもある。地味ではあるが基本的な日々の環境管理（温度・湿度のモニタリングと調整、換気量のチェックと調整、開放豚舎ならカーテン管理技術、ウィンドレス豚舎なら入気口と排気ファンの連動バランスの調整、餌箱・給水器の管理など）のレベルアップがまずは大前提となる。その次に、豚群編成、オールイン・オールアウト（一度に購入、一度に販売）の構築、エサを切り替えるタイミング、必要なワクチンの選定、投薬のタイミング、出荷豚の選抜などのスキルアップが要求される。リアルタイムで分析・ベンチマークできる肥育成績データ管理方法が今後ますます必須となってくるだろう。さらにもうワンステップ上を行くなら、豚舎別もしくは部屋別（これがイコールでロット別だとベスト）で給餌量・飲水量・さらには光熱費（ガスと電気の消費量）についてもリアルタイムでモニタリングできれば、コスト削減を徹底できるとともに疾病の兆候もいち早く察知して未然に対応することも可能になる。そのようなシステムを導入している農場がアメリカやヨーロッパにはすでに存在している。

我々日本養豚も、それらのシステムを今後将来率先して導入・活用していくべきであろう。

⑥　地域ぐるみでの疾病撲滅と農場防疫（バイオセキュリティ）

今後将来の養豚疾病対策は、もはやこの点に尽きる。何度も筆者が強調していることであるが、「病気と闘う必要がない」ことが真の意味で「病気に勝つ」こと。これが養豚疾病対策の最終形となる。無くせる病気は積極的に無くしていく、新たな病気を入れない、これ以外にはない。

飼料高騰・豚価不安定な状況である今こそ、疾病撲滅の重要性がさらに増していると言えよう。まっとうに健康なブタを出荷していても利益が薄い状況下で、ましてやブタを病気にさせている余裕など今の我々にはないはずだ。「病気は無いのがあたりまえ」ということを改めて再認識すべき絶好の時期が今なのである。

そして、疾病撲滅を成功させるカギとなる技術が、農場防疫である。バイオセキュリティというと一昔前までは、ともすると「おまじない」や「げんかつぎ」とさほど変わらない程度のレベルでしかなかったと思うが、そのような時代はもはや過ぎ去った。ここ数年で科学的根拠に基づいた研究知見や現場検証が急速に進み、今やバイオセキュリティは養豚

表3　養豚疾病対策キーワード「いままで」と「これから」

| | いままで | これから |
|---|---|---|
| 病原体 | 細菌主体 | ウイルス主体（しかも遺伝子変異しやすい） |
| 感染形態 | 単体感染 | 複合感染 |
| 農場メンタリティ | “病気はあるのがあたりまえ……” | “病気はないのがあたりまえ！” |
| 対策方針 | “後手……”（治療・予防） | “先手！”（バイオセキュリティ） |
| 対策ツール | 抗生物質，ワクチン | 生産システム，ピッグフロー，バイオセキュリティ |
| 評価基準 | 事故率のみ | 事故率，肥育増体，出荷日齢（豚舎回転率），飼料要求率 |
| 対策ゴール | 症状低減 | 病原体の撲滅・清浄化 |
| 対　象 | 個々の農場単位 | 地域ぐるみ |

ⒸS. Otake

疾病対策における最優先課題にまでなっている。

「疾病撲滅とバイオセキュリティ＝養豚疾病対策の将来像」を鮮明に映し出している鏡が、豚繁殖呼吸器障害症候群（ＰＲＲＳ）や豚流行性下痢（ＰＥＤ）である。その取り組みと現場における具体的なノウハウについては、筆者がいろいろな媒体を通して多々述べているので、詳しくはそれらをあらためて参照して頂きたい。

そして、これから我々はさらにもうワンステップ上に進みたいと思う。それは、これら疾病撲滅とバイオセキュリティについて「地域ぐるみ」で取り組んでいくということだ。たとえば、現在アメリカで猛威を振るっているPRRS強毒株は容易に空気伝播する。そのような状況下では、隣接農場のリスクがそのまま自農場のリスクとなる。その逆も然り、自農場のリスクがひいては隣接農場にリスクを背負わせていることにもなる。そして自分のせいで隣人がリスクを持っているということは、結局自農場のリスクも永久に消えることはないという負のスパイラルになり、最悪の結果となる。経営上はもちろんのこと、精神衛生上にも良くないだろう。この負のスパイラルから脱却する方法はただ一つ、全員で一斉にそのリスクを取り除くしかない。

地域ぐるみでの疾病撲滅およびバイオセキュリティ、それが我々が到達すべき最終ゴールなのである。アメリカではすでにそれを達成している地域もある。つまり、これは絵空事や机上の理想論ではないということだ。「日本の我々にはできない」と甘えたことを言う理由は、一つもない。

⑦　技術情報の積極的な入手と現場活用

病気はつねに進化し、業界の動向は日進月歩である。そのスピードに我々は対応していかなければならない。そのためには、つねに自身のアンテナを広くめぐらし、貪欲に新しい技術情報を入手していくことが必須となる。

しかし、ただ知っているというだけではまったく意味がない。それを現場で活用し、結果を出してはじめてその情報が生きてくる。そのために必要なのが、現場経験をふまえた「知恵」である。これが農場現場で何を意味するのかというと、筆者は「工夫と妥協」のことだと思っている。いきなり完璧にするのは無理かもしれないが「まずは、できるところからやろう」という意識とその実践だ。国内外を含めて、情報は山ほど存在する。それらの情報を「うちには全然関係ないから」とすべて頭ごなしに捨ててしまうのか、それとも「このままでは無理だけど、こう工夫したらうちでも使えそうだ」とつねにヒントを拾っていくのか。どちらにとらえるか、そのときはほんの紙一重の意識の差だと思う。しかしこの積み重ねが、やがて将来、雲泥の差となって必ず結果として現れてくるのではないだろうか。情報を生かすも殺すも、その受け手・使い手次第なのだ。

### ⑧　生産システム変換へのチャレンジ

今までのアメリカ養豚産業の歴史を見ていくと、産業構造と農場生産システムのダイナミックな変遷こそが、その最たる象徴であるように思われる。九〇年代初頭から始まった産業全体の垂直統合化・寡占化。また農場における技術的な生産システムで言えば、オールイン・オールアウト、マルチサイト、産歴分離システム。そして最近ではウィーン・トゥ・フィニッシュなど。それぞれの詳細についてはあえてここでは説明しないが、ここで筆者が改めて強調したいことは、これらの生産システムの変遷は、ひとえに「生産者が非常に厳しい業界の中で生き残っていくための技術・戦略として確立されたものだ」ということである。

産業は刻々と変化していく。それに合わせて我々も進化していかなければいけない。それこそ最初はアメリカでも、先に述べたような生産システムはそれまでの常識から比べると非常識なものとしてとらえられていたと思う。しかし「昔ながらの固定概念にずっととらわれていたままでは、今の厳しい業界を生き残ることができない」という切迫した危機感があったからこそ、その枠を超えた発想で新たなシステムや技術が普及したのではないだろうか。

もちろん、ただ新しいことを手当たり次第導入すれば良いとは言わない。いきなりガラッと生産システムさえ変えればすべてがうまくいく、というわけでもないだろう。安直に方法論だけコピーしたとしても、それが効果を発揮する「土壌」が整備されていないと効果はまったく現れないものである（たとえば、アメリカと日本の産業の背景の違い）。ただ、これから本当に厳しくなるであろう日本養豚産業で生き残るためには、我々一人ひとりがもっと柔軟な発想力と臨機応変な実践力を持っておかなければならないと思うのである。どのような生産システムについても、それをたんにコピーしようとするのではなく、なぜそれがうまくいっているのかという背景を理解した上で、我々が実践するためのヒントを探すという意識が重要だ。

### ⑨　産・官・学の連携

これまで述べたすべてのことを実現していこうとすれば、必然的に産・官・学が連携せざるを得ない結果になるはずだ、とシンプルに考えてしまうのは筆者だけだろうか。とくに、地域ぐるみでの疾病の撲滅や、正しい情報の整理・流通に関しては、産・官・学が一致団結していかなければ決して実現できないだろう。その土台が今後将来確立できるか否か、これからの我々の重要な課題の一つである。

アメリカ養豚産業は「輸出で生き、輸出で死ぬ」と言われているくらい、輸出業がその大きな稼ぎ頭となっている。豚肉は最重要輸出品目の一つ、国としての大事な「戦略物資」と言っても過言ではないだろう（さらに厳密に言えば、トウモロコシこそがそれにあたるだろう）。つまり、アメリカでは農場現場の利益がそのまま国益と直接結びついているのである。そのような背景があるので、アメリカでは産・官・学が比較的熱を同じくして共有したベクトルを向くことができ、産・官・学連携の土壌ができやすいのではないだろうか。これは、デンマークなどのヨーロッパ豚肉輸出大国を見てみても、同じことが言える。

それでは、「日本は豚肉輸出国ではないから、産・官・学連携は無理だ」ということなのか。けっしてそうではないはずだ。要は、「何をきっかけとするか」というだけの話だと筆者は考えている。ＰＲＲＳやＰＥＤのような疾病撲滅がその糸口となるのか、またはエコフィード活動や飼料米のようなものがその先例となるのか、とにかく何でも良いのである。産・官・学が熱を等しくして、同じ目標に向かって連携する行為自体が重要なのだと思う。それがいずれ積もり積もって、将来の日本養豚の土壌を固めることにつながっていくのではないだろうか。

筆者の経験から言えることであるが、日本養豚における産・官・学連携のカギは、結局のところ、まずは個人個人のつながりからすべてが始まるということではないか。業界内の所属・立場を超越して、同じ価値観や志を持つ個人同士として連携する。そして、最初は規模が小さくてローカルな事でも構わないから、その連携体として何か事を起こして結果を出す。その積み重ねこそが、産業全体としての真の意味での産・官・学連携の土台となるのだと強く確信している。そのように考えれば、我々はもれなく今日からでも、産・官・学連携に携わる行為が一つや二つは実行できるはずだ。

いかにすばらしい錦の御旗を大上段から掲げたとしても、個人同士の確固たる連携が欠如した組織やシステムは、いとも呆気なく惨めに形骸化していくものだ。これは養豚産業に限ったことではないはずで、産・官・学を含め産業全体の連携や共同について我々がうたうとき、結局のところもっとも根本的で大事なことは、やはり個人個人の意識のあり方がどうかという点に尽きるのではないだろうか。

⑩　固定概念・偏見にとらわれない柔軟な意識を、まず「あなた」が持つこと

アメリカには〝Think out of box!〟という言葉がある。直訳すると、「ハコの外を考えろ！」となるが、ここで言うハコとは「自分自身の固定観念や偏見」のことを指す。固定観念・偏見にとらわれない柔軟な意識を、まずは我々一人ひとりが持つこと。前述した九

つのポイントも、結局のところは、この意識を我々が持てなければすべて実現不可能だろう。筆者が現在アメリカと日本をまたいで仕事をしていてもっとも強く感じる「日本養豚に欠如していること・改善しなければならないこと」は、まさにこの点である。

しかし、これは逆に考えれば、昨今の厳しい業界状況下にあっても、まだまだ我々個人個人のレベルでできること・しなければならないことがたくさんあるということの裏返しとも言える。厳しい状況下でも、我々にはまだまだ伸びしろが残っているはずだ。

## まずはできるところから

ここで述べた一〇のポイントの他にも、糞尿処理・環境問題、一般地域住民への対応、優秀な人材の確保、そしてそれらを根底とする農場立地開発継続への課題など、今後将来の養豚産業で生き残るための重要事項はまだまだ多く残っている。そう考えると、今できること・すべきことは、本当にたくさんある。後向きな姿勢で厳しい現状に対して文句や愚痴を言っている時間も暇も、今の我々には一切ないはず。どんなに悪い状況でも、良い面が必ずある。まずはそこに集中して活路を見出すことである。要は、我々個人個人の意識の持ちようと考え方一つなのである。大切なのは「まずは、できるところから」ということではないだろうか。

## 「知的欲求」「文化的欲求」も満たされる産業へ

今後将来の日本養豚を考えたときに、もう一つ、筆者が個人的に切に願っていることがある。それは、日本養豚を知的欲求・文化的欲求を満たす対象となる産業にまで昇華させたいということだ。語弊を恐れずはっきり言うと、今までの養豚業のイメージは、動物好き・豚好きの人、カントリーライフに人生の価値観を置く人、もしくは「うちの親父が豚やっていたからそれの跡継ぎで。一般サラリーマンよりは給料貰えるし」という風に家業を継承した人、そのような理由でこの業界に入ってきて結果プレイヤーとして定着しているパターンが多いと思う。もちろん、それはそれで素晴らしいことである。その価値観・事実を否定する気は毛頭ない。ただ、もしそれだけで終わってしまうのなら、それはつまらないと、どうしても筆者は思ってしまうのである。

人生の価値は、十人十色だろう。お金・ビジネスに価値を置く人、いわゆるスローライフを求めている人、職人気質でストイックな価値観の人、知的側面・サイエンスに価値を置く人、文化的・社交的でスタイリッシュなライフスタイルを好む人。日本養豚産業は、そんな価値観のニーズにすべて対応できるポテンシャルのある業界だと思うのである。それは筆者自身の体験・経験から間違いなく断言できることである。その人が自身の価値観に応じて、どのように自分の仕事のスタイルをデザインするかということが人生においてもっとも重要なことなのではないだろうか。そして日本養豚産業では、それが可能だ。一流企業に就職志望の人、将来独立してベンチャー企業を立ち上げたい人、研究職を目指す人、国内だけでなく海外をまたにかけて仕事をしたい人、スタイリッシュに仕事をしたい人、そんな各々の希望を持つ人たちが今後将来、あえて日本養豚産業を選んでどんどん参入してくる。そんな状況が実現化したら、日本養豚産業はもっともっと多面的に発展してくるのではないだろうか。そのような伸びしろが日本養豚にはある、だから「おもしろい」のだ。


【参考文献】

石川楨三（二〇〇四）『豚肉を極める――おいしい豚肉づくりに賭ける』グラフ社。

片倉邦雄・津田謙二（二〇〇一）『トン考――ヒトとブタをめぐる愛憎の文化史』アートダイジェスト。

鈴木啓一編（二〇一四）『ブタの科学』朝倉書店。
『男子食堂』二〇一二年三月、ＫＫベストセラーズ。
『養豚白書』二〇一三年四月、一般社団法人日本養豚協会。

# 第6章　日本の養鶏、これまでとこれから

——卵と肉、生産から食卓まで——

後藤達彦

後藤達彦
（ごとう　たつひこ）

1984年，岐阜県生まれ。
茨城大学農学部博士研究員。


広島大学大学院生物圏科学研究科博士課程修了。農学博士。畜産学分野で研究に従事。専門分野は動物遺伝育種学。祖父・父・伯父・従兄らが養鶏に従事していたことから農学部へ進学。宮崎大学ではニワトリの繁殖学を，広島大学ではニワトリの遺伝育種学を学ぶ。広島大学日本鶏資源開発プロジェクトセンターでの50品種におよぶ多種多様なニワトリの継代飼育を通して遺伝学に魅了される。学位取得後，国立遺伝学研究所でマウスの行動遺伝学を学び，現在に至る。

## 1　養鶏の歴史

### 食卓を支える養鶏

毎日の食卓に欠かすことのできない「鶏卵」および「鶏肉」は、文字通り、ニワトリによってもたらされる畜産物である。農水省の調べによると、日本では年間約二五一万トンの鶏卵および約二〇七万トンの鶏肉が生産されている。これを一人あたりの年間消費量に換算してみると、我々日本人は、年間約三三〇個の鶏卵と約一六キログラムの鶏肉を消費している計算になる。このように、我々はニワトリが生み出してくれる畜産物の大きな恩恵を受けて、日々生活している。このような鶏卵および鶏肉は、この日本で、いったいどのように作られているのだろうか。

読者のみなさんは、これまでにニワトリを目にしたことがあるだろうか。実際に飼育した経験をお持ちの方もおられると思うが、一方で一度も見たことがないという方も数多くおられるにちがいない。しかし飼育経験のある方であっても、実際に卵や肉を生産しているニワトリを目にする機会は、ほとんどないのではなかろうか。現在の私たちは、生きたニワトリを飼育することはおろか見ることさえもないままに、食品として鶏卵および鶏肉が簡単に手に入る社会で暮らしている。その背景には、日本で育まれてきた「養鶏」のシステムがある。養鶏には、どのような人々が関わり、どのようなニワトリが飼育され、どのように鶏卵ならびに鶏肉が生産され、消費者であるみなさんの手元にまで届けられているのであろうか。本章では、その問いに対して答えるために日本の養鶏の歴史に簡単に触れながら、養鶏のシステムの全体像を紹介することにしよう。

## ニワトリの起源

鶏卵および鶏肉の生産を支えている養鶏の歴史を振り返る前に、まずは、家畜としてのニワトリの成り立ちを簡単に紹介してみよう。国際連合食糧農業機関（ＦＡＯ）の調べによると、現在、世界中で飼育されているニワトリは、約一七〇億羽とのことである。この数字を見ても、あまりピンと来ないかもしれないが、実は、地球上でもっとも数の多い家畜はニワトリなのである。次に多い家畜はウシであるが、その飼育数は世界で約一四億頭である。このことから見ても、ニワトリは群を抜いて数の多い家畜ということがおわかりだろう。ニワトリは、赤色野鶏を中心とする野鶏（野生原種）から、約七〇〇〇〜八〇〇〇

図1　赤色野鶏・卵用鶏・肉用鶏（左から）

〇年前に家畜化されたといわれている。現在も、これらの野鶏は、東南アジア周辺の地域に野生動物として生息している。赤色野鶏は、成体の体重が雄で約一キロ、雌では約〇・八キロ程度であり、一年のうち、春季にのみ数個〜十数個の卵を産み、自ら卵を温め、ヒナを孵して育てるといった季節繁殖を行い、野生の環境で命をつないでいる。一方、現在のニワトリを見てみると、卵用のニワトリは、一年中ほぼ毎日のように鶏卵を生産しており、肉用のニワトリは、ほんの数カ月の間に急激な成長を示し、短期間に多くの鶏肉を生産している。このように、現在のニワトリとその野生原種を比べてみると、とうてい同じ動物種とは思えないほどの違いがある。

このような大きな違いが生み出された背景には、ヒトが野生のニワトリを飼い馴らし、その繁殖をコントロールすることによって、目的にあったニワトリを選ぶという人為選抜の存在がある。鶏卵に関していえば、はじめは一年に数個〜十数個であったのだが、ヒトがより多くの鶏卵を生産する個体を選んで交配しその子供を得る、そして次の世代においても、またより多くの卵を生産する個体を選抜し交配してより良い個体を選ぶということを繰り返していくうちに、現在のような生産性の高いニワトリを作りあげることに成功してきた。また鶏肉に関していえば、はじめは一キロ程度の体重であったが、より多くの鶏肉をより短期間に生産するといったニワトリを選抜してきた結果、高生産性のニワトリが作られてきたのである。我々の先祖たちが長い年月をかけて継続して改良してきた、現存の多種多様なニワトリたちは、いわば、人類のパートナーとして歩んできた歴史の結晶ともいえる。

ニワトリの家畜化の起源には長い歴史があるが、現在の養鶏に使われているニワトリの成り立ちは、約一〇〇年前からの比較的短期間の激しい人為選抜によってもたらされたものである。約一〇〇年前といえばメンデルが生物の遺伝の基本的概念を発見し、遺伝学が確立されはじめた時代である。それ以前までの人為選抜は、ヒトの直感や勘に頼る部分がそのほとんどで、より良い性質を示すニワトリを選ぼうとしても、正確に選ぶことが難しい状況であった。しかしながら、遺伝の法則が明らかになったことで、親が持つ性質が、どのように子供の世代に受け継がれるのかといった基本的な概念を理解することができるようになり、正確に個体を選ぶことが可能になった。このように、毎世代ニワトリの性能を少しずつ改良することによって、ニワトリたちは、高い生産性を維持し、今現在の養鶏産業を支えているのである。

## 世界の養鶏のこれまで

世界の養鶏産業は、二〇世紀はじめから欧米を中心に大きく発展しはじめた。欧米諸国では、ニワトリの性能を改良していくにあたって、より多くの鶏卵を得るためとより多くの鶏肉を得るための異なる目的に応じた特徴を持つニワトリが選抜されてきた。この背景には、生産コストの約七〇パーセントが飼料費で、その削減こそが経営上もっとも重要であった点がある。それまでの経験から、大型のニワトリは、多くの鶏肉を生産することができるが、長い期間飼育し続けると多くのエサを消費するため、より多くのコストがかかることがわかった。これとは反対に、小型のニワトリは、鶏肉の量は少ないものの、エサの消費量が少ないために、長期間飼育するうえでは、より経済的であった。ニワトリは、一日に一個ずつ卵を産むため、多くの鶏卵を得るためには、性成熟後、一年以上という長い期間において、コツコツと継続して卵を産み続けてもらう必要がある。そのためには、スリムで飼料効率が良く、持久力を持つものが好ましいことになる。このように、より多くの鶏卵またはより多くの鶏肉をより経済的に得ようとすると、相反する特徴を持ったニワトリが必要になってくる。卵用および肉用と、それぞれ別個の特徴を持つニワトリが作りあげられてきた背景にはこのような理由がある。

一九一〇年代には、肉用鶏の育種会社が、そして一九二〇年代には、卵用鶏の育種会社が、欧米諸国において誕生しはじめ、「養鶏産業」と呼ばれるものが本格的に始まっていった。これらの会社では、利益の上がるニワトリ作りが強力に推し進められてきた。肉用鶏産業では、短期間に多くの肉を生産するニワトリが、卵用鶏産業では、少ないエサで多くの卵を生産するニワトリが求められた。さらには、それぞれのニワトリが似たような生産性（均質な性能）を示すことも重要なことであった。これを実現するために一役買ったのが、一九二〇年代以降に誕生した統計遺伝学および集団遺伝学の理論であった。養鶏産業はこれらの理論をいち早く導入し、ニワトリを統計遺伝学的に選抜していった。その後、一九四〇年代には、たとえば、卵用鶏の成長速度、卵の生産性、卵殻の品質などといった複数の特徴を総合的に評価できる選抜理論が導入されはじめ、ニワトリの総合的な能力の向上を目指す育種が始まった。一九八〇〜一九九〇年代には、飛躍的な発展を遂げたコンピューターが養鶏産業に導入され、ニワトリの総合的な性能を評価するための膨大な計算式を解くことが可能となり、より迅速にかつ効率的に性能の高いニワトリが選抜できるようになった。

一九九〇年代になると、ニワトリの生産性などの特徴と、その原因となっている遺伝子群との関連性を調べる研究が行われるようになった。さらに二〇〇〇年代に入ると、ニワトリの全遺伝情報の解読（全ＤＮＡ塩基配列の決定）がなされ、このような遺伝子情報を利用する研究が活発に行われるようになった。ニワトリの育種会社においても、これまでの統計遺伝学理論をもとにした選抜方法に加えて、ニワトリの生産性に関与する原因遺伝子群を特定し、それらを用いてより直接的に選抜しようという流れが起こりはじめた。現在では、一部の育種会社や大学などの研究者たちがニワトリの卵や肉の生産性に関与する遺伝子群の一部を見つけ出したという報告がなされるようになってきている。今後はこのようなＤＮＡ情報を基にした改良が実用化されていくものと予想される。

## 日本の養鶏のこれまで

日本の養鶏産業は、一九〇〇年代から少しずつそのあゆみを始めた。鶏卵の増産を目的に、国の政策として、種鶏の改良が行われはじめた。一九一〇年代からは、産卵共進会という産卵検定が開催され、ニワトリの産卵性能の調査が本格的に行われるようになった。しかしながら、その時期の日本では、各養鶏家たちが個人単位でニワトリを改良していたため、比較的小規模な集団に対する育種改良が行われていた。さらに、選抜の方法に関しても、海外で行われていた集団を単位とする方法ではなく、それぞれの個体に着目した選抜の方法が用いられていた。各々の養鶏家たちの地道な努力と競争によって、卵用鶏に関しては、ほぼ毎日卵を産むようなニワトリも個体単位では作られてきた。しかしながら、それぞれのニワトリを集団として見てみると、個体間のバラつきは大きく平均的な性能も必ずしも良いとはいい難いものであった。

その後、国の農林省（現在の農林水産省）主導で行われた一九六二年のニワトリの貿易自由化によって、欧米の人々が熱心に作りあげてきたニワトリ、いわゆる「青い眼のニワトリ」が日本にやってきた。欧米諸国では、ニワトリの性能を集団単位で評価する選抜方法がすでに採用されていたために、そのニワトリは、集団における性能のバラツキが少なく、平均的に良い性能を示すという特徴を持っており、日本で作られていた当時のニワトリと比較すると、その斉一性において歴然の差があった。養鶏業を営む人々にとっては、同じコストをかけて、ニワトリの集団を管理・維持するのであれば、個体によってバラツキのある不安定なニワトリ集団よりもむしろ、ほとんどの個体が安定して良い成績を示すニワトリ集団を飼育する方が、断然に収益が上がり都合が良かった。儲けがあってはじめて養鶏業を続けて行けるので、当時の養鶏家たちの多くは、性能の良い「青い眼のニワトリ」を次々と導入していった。これは、養鶏の経営を考えると至極当然の流れであった。こうして、日本の養鶏は、その大元となるニワトリ、すなわち種鶏を自分たちの手で作りあげる（育種選抜する）ことを省略して、欧米で改良された種鶏を購入するという形態に急速に進んでいったのであった。

このような背景から、現在の日本の養鶏産業を支えているニワトリのほとんどが欧米の企業によって提供された親鶏から生み出されている。日本の気候・風土に生きつないできた我々日本人が、日本の環境に適応したニワトリを自ら作り出し日本の養鶏を支えるというのはごく自然の流れであるが、現状はそれがほとんどできていない。このことは日本人として憂うべきことだと思う。

しかしながら、欧米の企業によって日本の養鶏産業にもたらされたものが、計り知れないほど大きなものであったことも確かな事実である。欧米の企業は大元のニワトリを日本に輸出するだけにとどまらず、洗練された養鶏というシステム全体を導入してくれた。現在の養鶏業の根幹をなす大型の設備を準備するためには、大きな先行投資が当時必要であったが、そのような金銭的な援助を含めて、新しい養鶏システムの立ち上げに関するすべての段階において、欧米企業からの手厚い支援があった。性能の良いニワトリを輸入して、大型の飼育設備を整え、大規模にニワトリを飼育するといった、欧米から輸入された集約的な養鶏システムの導入によって、従来型の個人事業を行う多数の養鶏家から、大規模事業を行う少数の養鶏企業へと、日本の養鶏は加速度的に変貌を遂げることとなった。

このような流れにいち早く乗った一部の事業者は、欧米の企業とがっちり提携する形を取ることによって、その後大きな成功を収めていき、ますます大規模な経営が可能になっていった。これによって、鶏肉や鶏卵は、誰もがいつでも購入できるような身近な食べ物となった。しかし、このような一極集中型の養鶏によってもたらされた豊かな食生活の背景には、それまでの日本の養鶏を支え続けてきた個人経営規模の養鶏家たちが一気に廃業に追い込まれてきたという事実があることをけっして忘れてはいけない。

## 2　卵と肉のシステム

### 養鶏の仕組み

これまで、養鶏というシステムがどのように作られてきたかの歴史について振り返ってきた。次に養鶏の仕組みについて、その全体像を見てゆこう。

養鶏のシステムの基本は、実にシンプルである。それは、生産者がニワトリを飼育し、ニワトリが生産する鶏卵および鶏肉を消費者のもとに届けるということである。簡単にいえば以上のことに尽きるのだが、現代の養鶏のシステムの詳細を見ていくと、実に巧妙な仕組みによって成り立っていることがわかるだろう。

鶏卵および鶏肉を生産するためには、当然ながら、ニワトリを飼育しなければならない。実際に飼育しようとすると当然わかることであるのだが、ニワトリを飼育していくためには専用の設備が必要である。低温に弱いヒヨコを健康に育成していくためには、気温や照明をコントロールすることができる飼育スペースを確保しなければならない。また、成鶏用には、照明の制御ができる部屋と産み出された鶏卵が自然に転がり出るように細工された専用のケージが必要である。これに加えて、ニワトリが生きていくために必須なエサや水を用意しなければならない。また、ニワトリが病気にかからないようにワクチンを注射することや、飼育施設を清掃し消毒することを怠ることはできない。このように、ヒヨコからニワトリへと育成していくためには、段階に応じて最適化された外部環境を整えることが大事なことである。

鶏卵や鶏肉を実際に生産するニワトリを商用鶏（コマーシャル鶏）と呼ぶが、これらのニワトリの大元となる親の系統は、その子であるコマーシャル鶏の活力や生産性を担う重要な存在である。つまり、高い性能を持ったニワトリを親に選定しなければ、コマーシャル鶏の性能の向上はなく、最終的な鶏卵および鶏肉の生産性の向上が見込めない。養鶏システムの生産効率に関わる親の遺伝的能力を決めることは、言い換えれば、養鶏の収益そのものに直結する根幹の部分を決めることである。その重要性から、親のニワトリは実際に畜産物を生産する現場とは異なる、特別な場所で飼育管理されている。そこでは、その時点でのニワトリの遺伝的な性能を正確に把握し評価することを繰り返すことによって、次世代のさらに高い性能を持つニワトリを育種選抜する試みが日進月歩、行われているのである。

このようにして、コマーシャル鶏の親（種鶏）が選ばれたら、雄一羽に対して複数（五〜一〇羽）の雌を交配し、たくさんの受精卵を生産していく。この受精卵は、毎日集められ、一定数が集まった段階で、卵を孵化させる装置である孵卵機に入れられる。ニワトリの受

図2　セッター

写真提供：後藤貫八郎氏

図3　ハッチャー

写真提供：後藤貫八郎氏

図４　孵化後のヒヨコ
写真提供：後藤貫八郎氏

精卵は、三七・八度程度の孵卵機のなかで温めはじめてから、二一日後に孵化する。孵卵開始から一八日までの期間は、セッターと呼ばれる孵卵機に入れられ、三〇分に一回程度の頻度で転卵される。その後、ハッチャーと呼ばれる孵卵機に移し替えられ、ヒヨコの孵化を待つのだ。

無事に孵化したヒヨコは、その後、育成農場に運ばれる前の下準備を施されることになる。肉用のヒヨコでは雌雄両方が、卵用のヒヨコでは卵を生産することのできる雌のみが選別され、育成されることになる。その後、ヒヨコが健康に育つように、各種病気に対するワクチン接種が行われる。これに加えて、集団で育成していくうえでは、生産性の低下をもたらす「羽つつき」（群飼育の時、尾羽やその付け根の羽毛をつつき合う行動）が問題となるので、クチバシの先の尖った部分を取り除く。このような十分な準備を施されたヒヨコたちは、育成農場に運ばれていく。

育成農場では、ニワトリはヒヨコから成鶏までのいくつかの段階に分けられ、それぞれの育成時期で最適化された気温やエサ等の環境において飼育される。ヒヨコは自分で体温調節をすることができないため、およそ三〇度程度に温められた部屋あるいは育雛機の中で育てられる。その後、成長にともなって、一週間につき外気温を約一度ずつ下げていき、体温調節が十分にできる時期には、適温である約二〇度程度に設定される。また、湿度の管理も重要で、おおよそ六〇〜七〇パーセントに設定されている。

## 卵と肉の完全分業システム

養鶏は、卵用のレイヤー産業と、肉用のブロイラー産業に分けられる。これらの産業では、異なる特徴を持ったニワトリが飼育されている。陸上競技にたとえれば、単距離走の選手は、爆発的な瞬発力を必要とするため、筋肉量が多く体重が重い傾向がある。他方、長距離走の選手は、長時間、高いレベルの走りを持続することが求められるため、やせ型で体重はそれほど重くはないほうがよい。これをニワトリに置き換えてみると、短期間に急激な成長を見せるブロイラーは単距離走の選手、長期間に渡って持続的に鶏卵を産み出すレイヤー（卵用鶏のこと）は長距離走の選手といえるだろう。その体格もまさにそのように見え、成鶏の体重を比較してみると、ブロイラーは約四〜五キロ程度であるのに対して、レイヤーは約一〜二キロ程度である。つまり、現在の養鶏産業では、オールラウンドプレーヤーであるニワトリではなく、見事に役割分担させられたスペシャリストであるニワトリたちが活躍している。

これらのスペシャリストの生産性を向上させるべく、最高水準の飼育環境が準備されている。ブロイラーはより早く筋肉をつけて大きくなるために、栄養素の吸収効率が良いエサを与えられ、また、一日のうち、効率良く食事を行うことができるようにするために、照明の点灯時間をうまく調整した外部環境で飼育されている。それに対してレイヤーでは、一つの卵殻を形成するために、毎日約二グラムのカルシウムを必要とするため、より多くのカルシウムが含まれているエサを与えられる。このように、養鶏産業では、遺伝的な品種改良によって、素晴らしいスペシャリストが生み出され、それらに特化できるようすみずみまで行き届いた環境が準備され、スペシャリストのニワトリたちの性能が最大限に引き出せるようになっている。このような極限までの効率化によって、安価で大量の鶏卵および鶏肉の生産が可能になっている。

**卵を多く産むニワトリとは**

卵用鶏には、より少ないエサでより効率的に卵を生産することが求められる。そのためには、エネルギー消費を抑えられるように体重はできるだけ軽く、しかしながら健康で持続的に産卵可能な体型をしたニワトリが理想的である。そんな特徴を持ったニワトリの代表格は、白色レグホーン、ロードアイランドレッドという品種である。白色レグホーンは、イタリアにその起源を持つ品種で、その後アメリカで卵用に品種改良された。成鶏の体重は一・五〜二キロ程度と細身で、産卵率は高く、真っ白な卵殻を持つ卵を生産するという特徴を持っている。一方、ロードアイランドレッドは、アメリカで生まれ、卵肉兼用種として活躍したもの

図５　ロードアイランドレッド
写真提供：後藤直樹氏

のなかから、さらに卵用に品種改良されたものであり、成鶏の体重が二キロ程度であり、白色レグホーンに比べるとその産卵率は劣るが、褐色（茶色）の卵殻を持つ卵を生産するという特徴を持っている。

現在の養鶏で使われている卵用鶏は、これらの品種をもとにして、それぞれの育種会社が独自に開発・維持したものである。育種会社では、たとえば白色レグホーンという一つの品種のなかに、数十種類の系統（同じような特徴を持つ鶏群）が維持されている。つまり、白い卵殻をした卵を高い産卵率で生産するという特徴に加えて、何らかの項目に秀でた特徴を持っているニワトリが系統（群）として維持されている。それらは卵殻の強度が高く、生産ロスにつながる割卵や破卵の割合が低いという特徴を持った系統、より少ないエサでたくさんの卵を生産するという飼料効率の良い特徴を持った系統、ある種の病気になりにくいという特徴を持つ系統であったりする。このような系統は、目的に応じた特徴を持つニワトリを選んで交配し次の世代を得るということを継続して行っていくことによって作出される。各育種会社が独自に作出した優れた特徴のニワトリの群はエリートストックと呼ばれ、これらを維持・管理すること、つまり育種を行うことが、コマーシャル鶏を継続して生産するうえでもっとも重要なことである。

## コマーシャル鶏を生み出す

　さて、そのようなエリートストックを継代維持している育種会社は、どのようにコマーシャル鶏を作っているのであろうか。現在の養鶏では、一般的に、雑種強勢と呼ばれる現象を最大限に活かした交配様式が採用されている。雑種強勢とは、同じ種内の異なる遺伝的特徴を持つ品種（系統）を交配して得られた雑種第一代が、両親と比べて、健康で活力があり、生産性などの成績も良くなる現象のことである。雑種強勢がどのようなメカニズムで起こるのか、という問いに対して、これまでにまだ明確な答えが得られているわけではない。しかしながら、長い年月をかけて、健康で生産性の高いニワトリを作出する過程で、この現象が見つかった。養鶏産業という商業目的でものを考えれば、生物学的なメカニズム（原因）は完全に理解できていなくても、結果として良いものが得られるのであれば採用するということで、現在のところ、全世界を見渡しても、ほぼすべてでこの雑種強勢が利用されている。

　育種会社では、日々、エリートストックの性能評価が継続して行われ、次世代のニワトリに対して、適当な選抜目標が立案されている。たとえば、ある系統のニワトリを卵殻をより硬いものにしようと選抜目標を掲げる。その目標を実現する具体的なやり方は、その系統内の交配から生まれてくる多数のニワトリのうち、雌に実際に産卵させてみて、卵殻についての詳細なデータを蓄積していくという地道なやり方である。そうすることによって、その雌自身の遺伝的な性能のみならず、卵を産むことができない雄の持っている遺伝的な性能をも推定することができる。簡単にいえば、より良質の卵殻を持った卵を生産するという遺伝的な性能は、世代を超えて遺伝するため、優良な特徴を示した雌のきょうだいである雄は、遺伝的に近い性能を持っている優良なニワトリであるに違いないだろうと判断できる。このような考え方に基づいて、多数の系統の遺伝的特徴を、毎年毎年、少しずつ、繰り返し改良を加えていくというわけである。

次に行われることは、それぞれの系統同士を交配して、その子供の生産性などを評価することである。たとえば、A・B・C系統といった三系統を保有しているとしよう。A系統を雌親にして、B系統を雄親に用いたときの子供の性能はどうだろうか。C系統を雌親にして、A系統を雄親にするとどうだろうか。B系統を雌親にしたときは……といった具合である。保有する系統の数が多ければ多いほど、その組み合わせの数は多くなってくるのだが、良い組み合わせを見つけるのか見つけないのかでは、その生産性において、無視できないほどの違いが生まれてくることがわかっているので、この作業は省略できない重要なステップとなっている。このようにして、最高の生産性を示すコマーシャル鶏が生み出される。

## 肉生産のためのニワトリとは

肉用鶏には、短期間で急速に成長し、より多くの肉を生産することが求められる。そのため、際限のないような食欲を見せ、そのエネルギーを効率良く体重の増加に結びつけるといった特徴のニワトリが理想的である。そのような特徴を持ちあわせたニワトリの代表格は、白色コーニッシュ、白色プリマスロックである。白色コーニッシュは、イギリスで生まれ、成鶏の体重は雄で約五・五キロ、雌で約四キロであり、肉付きがとても良いため、もっぱら肉用に飼育されてきたという経歴を持っている。一方、白色プリマスロックは、アメリカにその起源をもち、成鶏の体重は雄で約四～四・五キロ、雌で約三～三・五キロであり、白色コーニッシュと比較

図6　白色プリマスロック

するとその肉付きは劣るが、卵肉兼用種として飼育されてきた背景から産卵率が良いという特徴を持っている。そのため、肉用鶏の雌親にこの品種を使うことによって、効率良く受精卵を産み出し、多くのヒヨコを得ることができる。

肉用鶏の育種は、上述の卵用鶏の育種と基本的には同様のやり方が採用されている。とりわけ、卵生産を目的とした卵用鶏では、卵を産むことができる雌を中心に選抜がなされているのだが、肉用鶏では雄も雌も同様に肉を生産することができ、雄の能力を直接的に評価することができるため、遺伝的能力をより正確に把握できる。また、コマーシャル鶏を生み出すための交配の組み合わせに関して、白色コーニッシュを雄親に、白色プリマスロックを雌親にすると、他の組み合わせと比較して、突出するような急速な成長率を示すことが明らかになっている。そのため、現在のブロイラーのほとんどは、ほぼこの組み合わせを基本にした交配方法が採用されている。このように、生産効率の高い方法が新たに見つかれば、すぐにそれを採用し、より経済的なものに変化させていくという柔軟性のある選抜が適用されてきている。

## どんなエサが適切か

ニワトリが健康に育ち、鶏卵および鶏肉を生産するためには、日々の栄養摂取はとても重要なことである。三大栄養素として知られている炭水化物、脂質およびタンパク質、そしてそれらに加えて、ビタミンおよびミネラルの摂取の重要性は、みなさんもご自身の日々の食生活を通してよく知っておられる通りである。同様にニワトリにおいてもその重要性は計り知れないほど大きい。そこで、ここでは卵用鶏および肉用鶏の栄養管理について少し紹介していきたい。

卵用鶏の育成段階における栄養状態は、後の成鶏時の産卵成績に大きな影響を与えるために、とくに重要である。育成期のエサは、幼雛用、中雛用および大雛用と大きく分けて三種類存在する。給与するエサは、基本的に体重を目安にして切り換えが行われる。育雛初期のヒナは、成長が早く、餌付け時の体重を基準にして比較すると、一週齢では約二倍、二週齢では約三倍、三週齢では約五倍の体重を示す。切り換えの目安はニワトリの種類によって多少異なるが、おおむね以下の通りである。すなわち、幼雛用から中雛用のエサへの切り換えは、ニワトリの群の平均体重が一九〇グラムに達した、おおよそ三週齢くらいに行われる。大雛用のエサへの切り換えは、平均体重が六五〇グラムに達した、おおよそ八週齢あたりに行うのが通常である。その後、約一七週齢から性成熟に達する二〇週齢以降には、成鶏用のエサが与えられる。産卵しているニワトリに対しては、特別な配慮が必要である。産卵は、条件が整った場合に一日に一回行われるのであるが、卵一個を作るためには、約二グラムのカルシウムが必要である。ニワトリの体全体のカルシウムは約二五グラムであることを考えると、約八パーセントにあたる量のカルシウムが一個の卵に使われる。そのため、毎日のように卵を生産するためには、四〜五パーセントのカルシウム含有量といった成鶏用のエサを給与する必要があり、このエサが鶏卵の高い生産性を支えている。

肉用鶏は、おおよそ七〜八週齢の出荷の時期までに十分な量の肉を生産することが求められるため、その飼養管理はとても重要である。餌付け時の体重を基準に比較すると、一週齢では約四〜五倍に、三週齢では約二〇倍の体重を示し、わずか七〜八週齢では約三キログラムにまで達する必要がある。肉用鶏の成長の度合いを卵用鶏と比較してみると、その凄まじさがおわかりであろう。肉用鶏のエサは、幼雛用、育成用および仕上げ用の三種類が用いられている。幼雛用から育成用のエサへの切り換えは、おおよそ三週齢くらいに行われる。育成用から仕上げ用のエサへの切り換えは、おおよそ五週齢あたりに行われ、七～八週齢の出荷時までに、目標体重へと仕上げられていくのである。

エサの原料についても少し紹介しておくと、現在の養鶏では、トウモロコシ等の飼料穀物を中心とした配合飼料が与えられている。この配合飼料は、高カロリーで良質な栄養素を含んでおり、さらにはビタミンやミネラル等のバランスも考慮されているものである。そのため、この配合飼料はニワトリの高い生産性を維持できるように調合された最適なエサであるともいえる。つまり、このような良質なエサが存在しなければ、現在のような素晴らしい性能を発揮するニワトリを実現することは難しかったにちがいない。

それでは、現在の養鶏にとってとても重要な位置を占めるエサの原料は、どこで作られているのであろうか。実情をお話しすると、日本で使われている配合飼料は、主にアメリカやオーストラリア等で作られた飼料穀物をもとに作られており、全体のおおよそ七割は輸入に頼っている。それはつまり、国際情勢の不安定化や輸入元の天候不順等のような不測の事態が起きて飼料穀物の輸入がストップしてしまうと、日本国内でまかなえるエサの量は限られているため、現在のような規模での養鶏は継続できなくなってしまう危険性をはらんでいるということだ。このように考えると、現在の日本の養鶏業の抱える大きな課題が、エサの問題のなかに存在しているといえる。

## 卵と肉の加工・流通

生産農場で飼育されている卵用鶏のコマーシャル鶏は、毎日休むことなく多数の卵を生産する。そのため、鶏卵は、毎日決められた時間帯に集められ、生産農場からＧＰセンターへと出荷されていく。そこでは、まず、卵の表面に付着している汚れや微生物等を除くために洗卵が行われる。その後、乾燥された鶏卵は、殻にひび割れ等の問題がないかどうかを検査され、卵のサイズによって定められている取引規格に選別し、包装がなされていく。この殻付卵の条件に見合わなかった卵は、食中毒の原因となるサルモネラ菌等の侵入を防ぐために、十分な洗浄と殺菌を終えた後に、割卵され、卵白、卵黄、全卵といった加工卵の製品となっていく。殻付卵の流通では、その衛生面を考慮して、産卵後できるだけ早い段階から、七度程度の低温に保持し、そのままスーパー等の店頭まで運ぶことができるようなシステムになっている。このような工程が毎日繰り返されることによって、日々新鮮な鶏卵およびその加工品が市場に出てくる仕組みになっている。

肉用鶏の生産農場では、オールイン・オールアウト方式が採用されているため、コマーシャル鶏はおおよそ二カ月間飼育された後に、一斉に出荷される。そのため、鶏卵のような毎日の出荷とは異なり、各生産農場から食肉加工場へは数カ月に一回といった間隔で出荷されることになる。加工場では、屠殺後に約一日の熟成期間を経て、食用となる。ここでも、衛生面に配慮して、低温に保ちながら熟成されていく。その後、もも肉、むね肉、ささみ、手羽、内臓および皮といった部位に分けられ、低温に保持しながら、商品の運搬を行い、店頭に並べられる。ニワトリの皮膚、毛、羽や消化器系などには多量の微生物がいるため、食肉を加工する工程のどこにおいても、汚染される可能性がきわめて高く、その衛生面の管理は重要なことなのである。鶏肉はすぐに流通される場合もあれば、一定量がストックされ、冷凍され長期保存される場合もある。このような工程を経て、みなさんが店頭で見かける鶏肉は供給されている。

鶏卵および鶏肉は生産、輸送、保管、加工、包装、流通等のすべての工程において、衛生的に取り扱われる必要がある。商品として販売される最終的な食品の衛生面を検査することだけでなく、その食品の生産から販売までの全過程を監視するといった方法が行われている。これは、危害分析重量管理点監視（ＨＡＣＣＰ）と呼ばれる食品の品質管理方法である。すなわち、食品に含まれるヒトの健康に有害である因子を把握し、これにともなう管理点および管理基準を設定していく。それらの管理点では、日々、衛生面に関する管理状況が監視され、どのような管理を行ったのかを記録しておくことがなされている。このようにして、高い品質の鶏卵および鶏肉は、作られているのである。

## 3　ニワトリの育種

### 優良なニワトリの維持

優良なニワトリの育種改良は、養鶏の根幹を担う重要な部分であるが、大変お金のかかる工程である。そのため育種改良を省略してしまう（せざるをえない）養鶏家が大半になってしまった。ここでは、この育種に関する背景・問題点について、紹介していこうと思う。

ニワトリの育種は、ある集団を対象に、それぞれの個体におけるバリエーション（特徴の違いの程度）を評価した後に、そのなかから良いものを選ぶ、あるいは悪いものを除くといった基本的な考え方に基づいて行われている。ここで、みなさんに馴染み深いと思われるヒトの身長を例に考えてみよう。みなさんは子供のころから毎年のように身体検査を経験してこられたことと思う。身長は成長期において飛躍的に伸びるが、成人に近づくにつれて、人それぞれでほぼ一定の値に収束してくるものである。このような成人における身長に着目して、ご自分の周りの人々を観察してみると、実に多様であることに気づくであろう。つまり、ある人は一六三センチ、またある人は一七八センチという具合に違いがあり、自分の身長とまったく同じという人と出会うことは稀である。このような身長におけるバラツキの範囲は、近所の人々（数十人から数百人規模）、各市町村内にいる人々（数万人規模）、各都道府県内にいる人々（数百万人規模）、日本国内にいる人々（数億人規模）といった具合に対象とする人数が増えていくにつれて大きくなり、もっとも高い身長の値（最大値）はより大きくなり、最小値はより小さくなるというのが一般的であろう。また、集団の人数が多くなれば、自分の身長とまったく同じという人に出会う確率も高くなる。

このようなヒトの身長に見られるような基本的な原理・原則は、ニワトリにおいても同様に認められる。つまり、ニワトリの卵の生産性をもとに考えてみると、数百個体の規模で調べるよりも、数千個体の規模、数万個体の規模、と集団内の個体数を大きくしていった方が、よりたくさんの卵を生産する優良なニワトリの総数は多くなってゆくことは容易に想像できる。このような生物に関する基本的な原理・原則に基づいて、育種改良を考えてみると、できる限り多くの個体数を維持しながら、それらの性能を正確に把握していくことによって、より良い個体を選ぶことが可能になり、改良のスピードが増すことになる。このようなことを毎世代着実に繰り返していけば、素晴らしい性能を持ったニワトリを効率良く作ることが可能になる。このような背景から、一部の育種会社が潤沢な資産面（設備、資金等）のおかげで、大規模な鶏群を維持し、ニワトリの育種改良を継続して行うことが可能になっている。

**遺伝と環境**

ニワトリの性能の斉一性を図るためには、集団を構成するニワトリの遺伝的な背景をより近いものに揃える必要がある。ニワトリの性能は、親から子へと伝えられる「遺伝」と、それらの個体を取り巻く「環境」によって決まっている。つまり、ある集団のニワトリを遺伝的な性能の高いものに揃えていけば、「遺伝」の要因を一定にすることができ、それらの遺伝的に似通った個体群を一定の良い環境で育てあげていけば、最終的に表れてくるニワトリの性能はかなり均一なものになってくる。このような考え方に基づき、親子や兄弟のような近い親戚同士の交配（近親交配）を繰り返し行うことによって、ニワトリを遺伝的に近いものに揃えようとする試みが行われてきた。その結果、ほんの数世代後には、集団内のニワトリの性能は、以前よりもバラつきの小さい似通ったものになっていった。しかしながら、近親交配を継続していくと、ニワトリの活力や病気に対する抵抗性、繁殖に関わる性能などが、以前のものに比べて大きく劣るという事実が判明してきた。この現象は近交退化と呼ばれるが、これについても、雑種強勢と同様に、現時点において、生物学的なメカニズムは完全に明らかにされていない。しかし、この現象が多くの生物共通に起こることは経験的にわかっている。つまり、ニワトリの性能の斉一化を目指してニワトリの遺伝的な背景を均一化しようとすれば、それらのニワトリを健全に継代維持していく上で障害となる近交退化の問題に直面することになる。したがって、産業レベルではこの近交退化による弊害を避けて、ニワトリの遺伝的背景にある程度の多様性を持たせて維持する方法が採られている。

これからのニワトリの育種で大きな期待が寄せられている方法の一つに、ＤＮＡ情報に基づいたニワトリの育種改良がある。現在までに、ニワトリの生産性と関連する遺伝子群を探す試みは精力的に行われ、その成果は少なからず蓄積されつつある。しかしながら、生産性に関わる形質に関与する遺伝子群は、少なくとも数百個から数千個にのぼり、それらが複雑に関与しあっていると考えられるので、その全容とメカニズムをＤＮＡレベルで解明することは容易なことではない。

さらには、生産性などの特徴は、遺伝（ＤＮＡ）情報に加えて、外部環境によっても大きく影響されることから、とても複雑な生物学的メカニズムが存在することは容易に想像できる。そのため、そのメカニズムをすべて理解したうえで、優良なニワトリを生み出すことは現段階では不可能といわざるをえない状況である。しかし、これまでの養鶏産業の歴史を振り返るとわかるように、生物学的なメカニズムが完全に理解できていなくても、大きな欠陥が見つからないのであれば、どんどん利用していくといった挑戦が繰り返し行われてきた。このような新たな試みが多数行われ続けることによって、また新しいニワトリが作出されてくるという希望が我々の先に待っている。

### ヒヨコの孵化

現在の養鶏で使われているニワトリは、自らの体温で受精卵を温めるといった就巣性の性質を持たない（選抜の過程で取り除かれた）ために、ヒトが受精卵を集めて孵化させせなければならない。大量に得られた受精卵を大型の孵卵機に二一日間入れておけば、大量のヒヨコを一斉に孵化させることができる。この二一日の間に、卵のなかで胚の発生が徐々に進んでいく。この胚発生過程では、必要な酸素や二酸化炭素の量が変化することや、胚のサイズが大きくなるにつれて、卵から放出される熱や湿気の量が変化することが明らかになっている。このような胚発生期の特異的な変化に対応して、孵卵機の内部環境は、卵にとって最適な状態に自動制御され、それが高い孵化率を支えている。

卵用鶏のコマーシャル鶏のヒヨコに対しては、孵化後に雌雄鑑別が実施される。ニワトリは、ヒヨコの時期においては、見た目（形態的な特徴）による雌雄の違いがはっきりしないが、成長すると次第にトサカ等に雌雄の顕著な違いが表れてくるため、正確な雌雄の判別が可能になる。しかしながら、効率化を目指す養鶏産業においては、エサを与える前の初生雛の時期に、何とか雌雄の判別を終えてしまいたいといった要望があった。その期待に応えるべく、一九二〇年代に登場したのが、日本が誇る初生雛の肛門鑑別法である。この技術は、日本の増井博士によって開発されたもので、それまで不可能であったヒヨコの雌雄を正確に判別できる画期的なものであった。すなわち、ヒヨコの総排泄腔の部分には、雄では突起が存在し、雌ではそれがないといった形態的特徴を捉えたものである。この方法を用いた雌雄鑑別の精度は、ほぼ一〇〇パーセントであったために、世界中の養鶏界において、この技術が導入されることとなった。しかし、この肛門鑑別法を習熟するためには、一年以上に渡る長い訓練が必要であり、まさに職人の技といえる代物である。私も、一度肛門鑑別を見せて頂いたことがあるのだが、素人の私にはまったく判別不可能であった。細微な違いを一瞬にして見分ける専門家の能力には、感服させられた。このような特殊技術を持った初生雛鑑別師が、世界中の養鶏会社で大活躍した時代が続いた。

現在の養鶏では、性染色体上に存在する特定の遺伝子に着目した雌雄鑑別法が広く使われている。その遺伝子は、ヒヨコの羽の伸びる速さに関連し、雄と雌で異なる遺伝様式を示す。そこで、親である種鶏において、生まれたコマーシャル鶏の雄は羽が速く伸びる遺伝子の型に、雌は羽が遅く伸びる遺伝子の型になるように、あらかじめ遺伝学的な統制を加えておく。このように計画的な準備を行っておけば、生まれたコマーシャル鶏の雌は速く羽が伸び、雄は遅く羽が伸びるといったような、形態的に大きな違いが出てくるというわけだ。この特徴をもとにした雌雄鑑別法は、職人芸のような肛門鑑別法と比較すると、よりスピーディにかつ簡便に、同程度の判別精度が得られる。同様に羽毛の色に着目した雌雄鑑別法も開発されている。これらは簡便な方法であるのだが、コマーシャル鶏の親世代の雌雄において遺伝学的に揃えておくことが不可欠である。現状では、広く一般的なニワトリは、この遺伝子に関して遺伝学的な整えがなされているわけではないので、やはり肛門鑑別は今後も欠かせない技術である。

## 病気への対策

ニワトリを健康に育成し、鶏卵および鶏肉を生産するためには、衛生管理はもちろんのこと、病気への対策を怠ってはいけない。これまでに、ニワトリに関する数多くの病気がわかっており、その対策法が確立されてきている。ここでは、具体的な病気について例を挙げることはせず、どのような流れで病気への対策を行っているのかを紹介しよう。

ニワトリの病気には、すでにワクチンが開発されているものがある。また、それぞれの病気について、ワクチン接種の最適時期も検討されてきている。そのため、現在の養鶏産業では、各種の病気への対策として、予防接種のプログラムが組まれている。ニワトリは、孵化直後から約一五週齢までの間、ワクチン接種を継続して受けることになっている。ワクチンの方法は、点眼、点鼻、飲水、噴霧、皮下注射、筋肉注射および翼膜穿刺と、ワクチンの種類によってさまざまである。このようなワクチン接種による継続的な疾病対策と外部環境の衛生管理を徹底することによって、病気の発生する確率を下げる努力が日々なされている。

ニワトリの病気には、家畜伝染病予防法によって定められた、法定伝染病や届出伝染病がある。鶏舎で確認された病気がこれらに該当した場合は、病気を蔓延させないために、ただちに、必ず国の機関に報告をしなければならないことになっている。このような病気は、鶏卵および鶏肉の生産に大きな影響をおよぼし、場合によっては、飼育しているニワトリをすべて殺処分しなければならないといった最悪の事態にまで発展する恐れがある。もし万が一、病気が発生してしまっても、その経済的な被害を最小にとどめるための努力がなされている。しかしながら、これらの病気にかからないに越したことはないので、病気の発生を予防するための環境作りを、今後も強力に推し進めていく必要がある。

### トリインフルエンザの脅威

トリインフルエンザに感染したニワトリが発見された農場では、感染拡大を最小限に抑えるために、全個体の殺処分が早急になされることになる。さらには、その農場を中心にした半径数キロメートルの範囲にある農場のニワトリやその畜産物の移動が制限され、その当該地区内において、感染を留めてしまおうといった対策が早急に行われる。みなさんも、トリインフルエンザによって、何十万、何百万羽のニワトリが殺処分されたといったショッキングなニュースを聞いたことがおありだろう。ここでは、このトリインフルエンザという病気の脅威について、少し紹介してみよう。

なぜ、この病気が脅威なのかという質問に対する一つの答えは、その感染経路がはっきりしていないことにある。感染経路が明確になっていれば、それに対する入念なケアを行うことによって、かなりの高確率で、病気のリスクを管理することができる。しかしながら、これが明確でない現在においては、どのような対策を行っておけば良いのかがわかりにくいために、自ずとそのリスク管理が不十分になってしまっている。感染経路の一つには、渡り鳥などの野鳥が、トリインフルエンザの原因となるウイルスを運んでくるのではないかといった可能性が推測されている。そのため、ニワトリの農場では、野鳥はもちろんのこと、野鳥の羽や糞等に触れる可能性のあるネズミ等の小動物を介して運び込まれるリスクを回避するために、外部からの生物の侵入を完全に防ぐといった対策がなされている。また、ニワトリを飼育している生産者を介して内部に持ち込まれる可能性も想定して、着衣や靴なども農場専用のものに替えるといった対策がなされている。このような努力にもかかわらず感染が起こっているので、トリインフルエンザは養鶏界における大きな脅威となっている。今後、明確な感染経路の把握およびその対処法の確立が期待される。

また、トリインフルエンザの強い感染力と高い致死率が、もう一つの脅威として挙げられよう。これが感染力および病原性の低い病気であれば、感染したニワトリの生産性が一時的に低下しても、死に至るほどのリスクは少ないために、時間をかけて対策を行っていけば、鶏群全体をその病気から守ることが比較的容易にできるであろう。しかしながら、高病原性のトリインフルエンザの場合、それに感染したニワトリは数日のうちに死に至ってしまう。さらには、その個体のなかでウイルスが急激に増殖するために、農場内の他のニワトリにも次々と感染が広がっていき、短期間に多くのニワトリを失うことになってしまう。そのため、一度感染が確認されたら、相当数のウイルスがそこに存在することになるので、その他の農場への感染拡大が起こる前の段階に、その農場のニワトリをすみやかに全殺処分し、ウイルスの封じ込めをすることになっている。その後、焼却処分あるいは埋却処分を行い、さらには入念な消毒などの防疫措置が取られる。

エリートストックを育種している農場において、トリインフルエンザの感染が見つかった場合、養鶏産業はとてつもなく大きな打撃を受けることになる。それはすなわち、高生産性ならびに高品質を誇っている現在の優良なニワトリの大元の系統群が殺処分によって一気に失われることになり、今後、優良なコマーシャル鶏が継続して作り出せないことになる。そんな事態が起こってしまえば、ニワトリ自身の性能がそれ以前に比べて大きく低下することになり、生産農場で生み出される鶏卵および鶏肉の生産量が著しく低下してしまう。このようなリスクを回避するために、育種会社では、保有している重要な系統群を、地理的に離れた複数の農場で維持するなどの対策が取られている。長い年月をかけて作りあげてきた大事な大元のニワトリが一瞬にして失われてしまうといったことは、将来の我々人類の食の観点からも、絶対に避けなければならない。

## 4　これからの養鶏と「食」

### ＴＰＰと食の安全

現在のところ、日本と関係諸国との間で、環太平洋戦略的経済連携協定（ＴＰＰ）の交渉がなされている。ＴＰＰとは、環太平洋の国々における経済の自由化に関する協定のことである。これが合意されれば、基本的にはすべての食料品の関税が近い将来に撤廃されることになる。これはつまり、鶏卵および鶏肉に関しても、ＴＰＰ参加国とは関税なしの自由貿易になることを意味している。それゆえ、日本の養鶏にも大きな影響がおよぶものと予想される。

日本は、卵かけご飯に代表されるように、独特の卵の生食文化を持っている。これは、欧米その他の国々では、あまり見られない文化であろう。卵の生食が可能になっている背景には、日本国内の養鶏企業が生産から流通まで一貫して高い衛生レベルを維持して、鮮度の良い鶏卵を提供し続けているといった事実がある。ＴＰＰへの参加を決めた日本には、近い将来、海外で生産された安価な卵がたくさん入ってくるかもしれない。もちろん、火を通せば、どの卵も美味しく食べられるものであるのだが、生食には耐えられないものであるかもしれない。こういった生食には向かない安価な卵を消費者が選ぶといった流れが一度起きてしまうと、これまで作りあげてきた日本の養鶏システムは経営が危うくなってしまい、継続していくことが困難になってしまうかもしれない。これは本当に危機的なことで、たとえほんの一時であっても、消費者が日本の養鶏企業を見捨てるような事態になれば、今後一切、日本クオリティの鶏卵は戻って来ないことになるだろう。それはつまり、卵の生食といった日本の「文化」をも失ってしまうことを意味する。ＴＰＰをめぐっては、生産者だけの問題ではなく消費者もまた、けっして他人事ではなく、将来の自分たちの食文化を見据えた上で、的確な判断をしなければならない状況におかれていると思われる。

ＴＰＰによって殻付卵以外においても、様変わりすることが予想される。冷凍で利用される液卵および鶏肉等は、鮮度が問題とならないため、関税の撤廃によって、そのほとんどが海外からの輸入商品に置き換わっていくかもしれない。日本クオリティの食品が将来も提供され続けるか否かは、今後の我々消費者の振る舞い次第で決まってくると思われる。すなわち、消費者が日本クオリティの食品を選び続けることが、日本の生産者を支えることならびに日本の食文化を継承することにつながっていき、長い目で見ると消費者であるみなさんの利益となって返ってくるのである。十年後も、二十年後も、卵かけご飯があたりまえに食べられる日本であることを期待したい。

## 世界の養鶏のこれから

現在の養鶏を世界規模で見てみると、欧米のほんの一部の育種会社が、全世界のニワトリを作り出し、そのシェアのほとんどを握っている。日本においても、まさにその通りで、欧米の親会社から輸入した種鶏のヒヨコを指示書に示された通りに育てあげて、また指導された通りに交配することによって、優良なニワトリ（コマーシャル鶏）が生産され、それの飼育・管理・生産を元にして、日本国内で鶏卵および鶏肉を生産・販売しているにすぎない。つまり、養鶏業は、最終的な生産地が日本であるため、国産を謳っているのであるが、中身をじっくり見ると、そこにはまったくの嘘といわざるをえない部分を含んでいる。

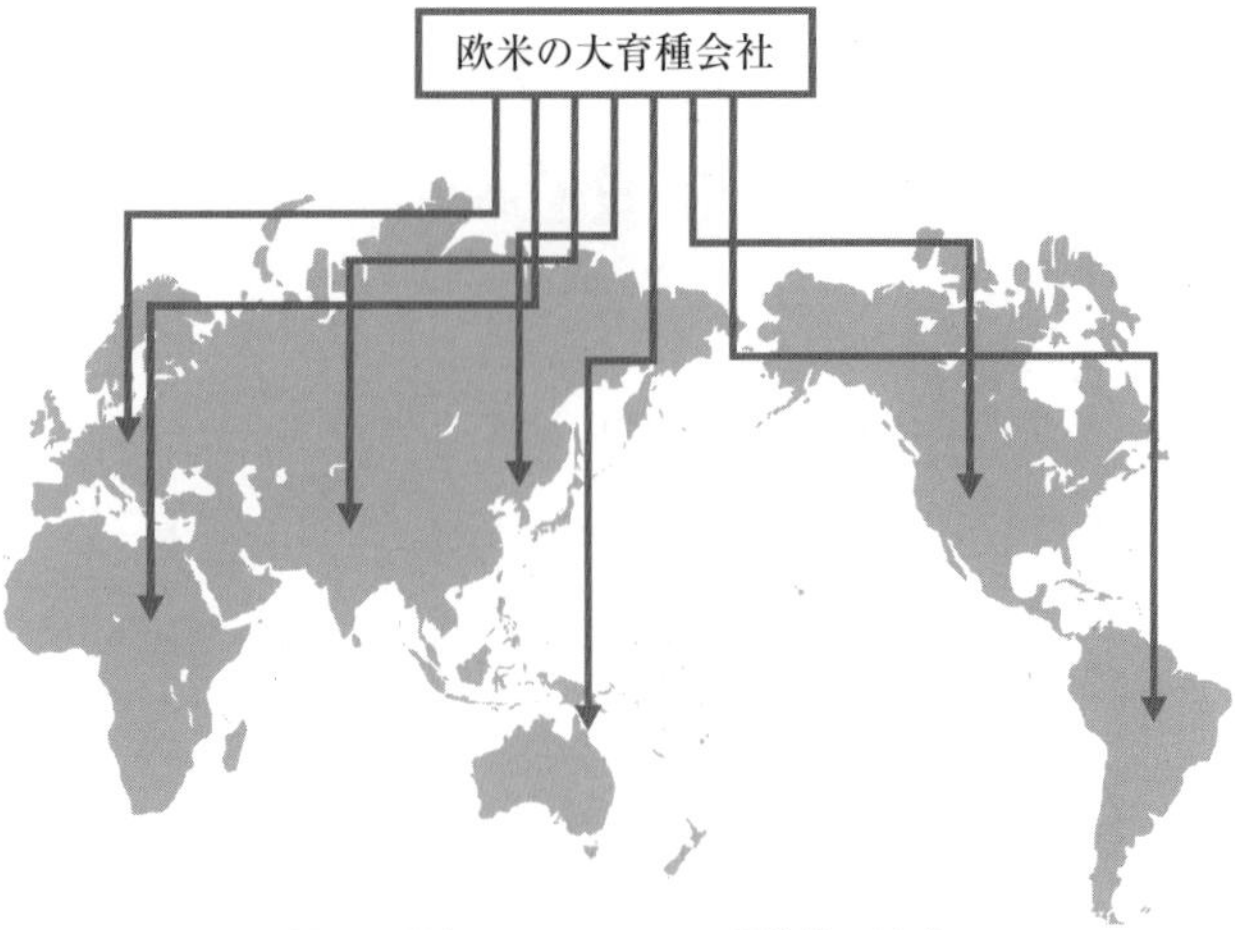


図7　現在のコマーシャル鶏供給の図式

欧米の企業が熱心に作りあげた優良なニワトリ（種鶏）を輸入して使わせてもらっているだけというのが現在の日本の養鶏の姿なのである。

実のところ、独自にニワトリを育種改良できる会社は、残念ながら今の日本にはほとんどないというのが現状である。これは、何も日本だけにあてはまることではなく、欧米のほんの一部の国々を除いた、全世界的にこのような状況にあるわけである。つまり、自分たちでは優良なニワトリを作れないため、高額なお金を支払うことによって、よそ様のニワトリを購入するしかないという図式が全世界的に起こっている。養鶏をはじめとする畜産業においては、ニワトリなどの家畜動物がいなくては何も始まらないため、それがどれだけ高額であっても、支払って手に入れるしかないというのが現状なのである。つまり、現在の養鶏は、ほんの一部の大育種会社のみが、独自の優良なニワトリを作り出すことが可能であり、巨額な富を集めて、それを元手にして、またさらに優良なニワトリが育種されているという独占的な図式になっているのだ。

このような事実を知った読者のなかには、日本を含んだ世界各国の科学技術の知識を駆使して、何とかしてその国独自の優良なニワトリは作れないものか、と疑問を持たれた方もおられるのではないかと思う。大規模な鶏群の維持、近親交配による弊害など、前出の育種における問題点を考えると、個人経営の規模ではもちろんのことであるが、小・中規模の企業であっても、十分な個体数のニワトリを一時も途絶えさせることなく維持・管理し、その性能を正確に把握しながら、さらにそれを高めていくといった育種の仕事はとても煩雑である。また、エサを準備するためのコストや飼育環境を維持していくためのコスト、実際にニワトリの世話・管理を行うマンパワー不足など、多面的な部分においてとても困難なことが多く、実際に独自のニワトリを作る、育種を行っていくことはとても厳しいというのが事実なのである。

このような背景から、今後も、海外の一部の大企業による「世界の養鶏の独占化」は続き、さらにその傾向は顕著になると予想される。これらの企業は、世界各地に、大規模な飼育設備を保有しており、もっとも重要な存在である大元のエリートストックを、地理的に離れた複数の国々の施設に分散して系統維持を行っている。こうすることによって、もしある国において、トリインフルエンザなどの病気が蔓延してしまった場合でも、これまでに作りあげてきた優良なニワトリがこの世界から途絶えてしまうといった危機を回避できるような対策を講じている。しかし、彼らの危険予測レベルを大きく上回るような危機が訪れるといった最悪のケースが起きたことを考えてみると、本当の意味で全世界から鶏卵および鶏肉が突然消えることになるだろう。それはつまり、世界で飼育されている約一七〇億羽のほとんどが消え去り、地球上でもっとも数の多い家畜を失うことになってしまう。このことは、世界でもっとも広く利用されている動物性タンパク質の消失を意味することから、我々人類の「食」を大きく揺るがすような大打撃になりえることなのである。

ニワトリの育種改良を一部の企業に任せてしまっているという状況が今後も続くのであれば、このような人類の食に大きな影響を与えかねない大きなリスク管理を一部の人間に委ねなければいけないような危うい状態を続けていくことになるのである。この問題は、一部の企業が継続して努力を行い、食の安全に関する責任を担っていけば良いというレベルをはるかに超えているのではないかと思われる。そのため今後は、世界規模でそのリスクを回避するためのあらゆる努力をしていかなければならないだろう。

## 日本の養鶏のこれから

今現在、世界を席巻しているニワトリは、海外の育種会社が丹精を込めて作り出したものである。このニワトリたちに最高のパフォーマンスをしてもらうためには、ニワトリが快適と感じるような至適な環境を準備することが必要である。これはつまり、世界中どこの国や地域においても、二〇度程度といった、適温な飼育環境を準備しなければならないということを意味している。どこの地域においても、このことは容易ではなく、たとえば一年中温暖な地域や寒冷な地域では、ニワトリにとって最適な温度を維持し続けるには、つねに施設を冷却や加熱し続ける必要がある。また、日本のように四季があり、年間の温度変化の大きな地域においても、つねに同じ温度に保つような設備を準備することは多くのコストがかかる。このように、それぞれの国や地域における気候の特徴に反するような環境を維持しようとするためには、多くの燃料や気密性の高い施設を必要とすることなどの課題が挙げられ、環境・エネルギー面を長期的に考えていくと、持続していくことは困難であるように思われる。

このような状況から、長期的な視点に基づいた地球環境に配慮した「持続可能な養鶏」が今後求められてくると思われる。将来を見据えて今現在の養鶏のシステムを振り返ってみると、大規模に集約した気密性の高い施設で多くの化石燃料を投じ、最適の環境を維持し続けるといった、地球資源の大量消費のうえで成り立っていることがわかる。この状況を少しずつでも良いので持続可能な養鶏へと変えていくためには、現在のニワトリとは異なる特徴を持った新たなニワトリを生み出すことが必要であろう。勿論、世界規模の育種会社では、多種多様な環境要因に左右されることなく優れた生産性能を発揮するニワトリへの改良を進めていることも事実である。

これまでの歴史を振り返ると、生物は、過去に起こってきた大きな地球環境の変化に対応して、柔軟に自らの特徴を変化させながら、適応してきた。特に、ニワトリなどの家畜は、これに加えて、ヒトの要求に応じて自らの特徴を大きく変貌させて、ことごとくその期待に応えてきた実績を持っている。それゆえに、大きなエネルギーの投入が必要な現在のニワトリとは異なった、それぞれの国や地域の環境に適応するような特徴を持ちあわせ

図８　日本の風土・気候に生きてきた多様なニワトリ

た新しいニワトリを作りあげていく取り組みにチャレンジすることはけっして不可能なことではないと思われる。

全人類の食に関する長い将来を見据えて考えるならば、このような試みはとても重要な挑戦である。また新しいものを創造するといった意味でも、非常におもしろいことである。この試みを通して、世界各地で、新たに作りあげられるニワトリが、それぞれにどのような特徴を持つかは、生物が示す柔軟さゆえに、容易に想像することはできない。しかし、たとえば、どんなに暑い環境になっても、それを問題にせずに育っていくようなニワトリ、満足のいくようなエサが得られない環境になっても長く耐えられるようなニワトリなど、さまざまなニワトリが想像できる。近い将来に、このような驚くべき特徴を持ったニワトリが、日本はもちろんのこと世界各地で次々と生まれてくることを期待したいし、この創造に少しでも携わることができればとても幸運なことであると思う。

今後の日本の養鶏産業を考えれば、これまでに大きく成長してきた一部の大企業が継続して養鶏を支えてくれるものと考えて大きくは間違っていないかもしれない。しかし、世界規模の経済協定などが締結されれば、高い関税によって日本の養鶏を守るといった、これまでの方法が採りにくい状況になり、日本の企業にとっても厳しい状態になることも予想される。しかし、日本には、日本人特有の性質といえるような几帳面さに基づく養鶏産業のシステム全体へのきめ細かさがもたらす品質の高さがある。日本の養鶏が提供することのできる、安心・安全という付加価値を大きな武器にすることができれば、海外から入ってくる安価な鶏卵および鶏肉にも対抗する余地が十分にある。

確かに、これまでに確立してきた日本の養鶏システムの形態をそのまま維持することが困難な時代が来るかもしれない。しかし、このような時代の流れに対応した形態へと柔軟に変化させていくことは、長い目で先を見据えてものを考えてみると、重要なステップであると思われる。この時代を通して、日本の養鶏が発展していくためには、消費者である日本国民の一人一人が重要な部分を担っている。日本の高い品質を持った鶏卵および鶏肉を生産者が提供し続け、それを消費者が選ぶといった、国民が主体となって、日本クオリティの養鶏を支えていくといった良い循環が続いていくことを期待したい。

## 「食」への関心を

本章で触れてきたように、現代の我々は、生きたニワトリをまったく見ることもなく、栄養満点の鶏卵および鶏肉を食すことができる状況で日々暮らしている。その背後には、これまでに作られてきた養鶏のシステムが存在する。そのため、食料源を提供してくれるニワトリならびに、それを可能にしている養鶏を支える多くの人々に対して、我々は日々感謝し敬意を示す必要がある。

養鶏の将来を見据えると、養鶏を取り巻くさまざまな環境が変化していくことと予想される。そのため、そういった時代の流れに適応するような、持続可能な養鶏を目指した新しい形の構築が必要であろう。新たなニワトリを作り出す育種改良、ニワトリを取り巻く新たな環境制御など、さまざまな角度からのチャレンジが待たれている。豊かな暮らしがあたりまえになることで、つい忘れがちになってしまった「食」に対する関心を今一度呼び起こし、その重要性を再認識しあうことを通して、生産者と消費者が新しい日本の養鶏を作りあげていくことが、養鶏に携わっていく私にとっての本望である。

# 索　引

## あ　行



## か　行

## さ 行



## た 行



## な 行

## は 行



## ま 行



## や 行

## ら・わ 行

《著者紹介》
各章扉裏参照。


シリーズ・いま日本の「農」を問う⑧
おもしろい！　日本の畜産はいま
――過去・現在・未来――

2015年9月25日　初版第1刷発行　〈検印省略〉

定価はカバーに
表示しています

著者　広岡博之
片岡文洋
松永和平
佐藤正寛
大竹聡
後藤達彦
発行者　杉田啓三
印刷者　坂本喜杏

発行所　株式会社　ミネルヴァ書房
607-8494　京都市山科区日ノ岡堤谷町1
電話代表　(075)581-5191
振替口座　01020-0-8076





冨山房インターナショナル・兼文堂

ISBN 978-4-623-07306-1
Printed in Japan